无感FOC入门指南

阳 波 编著

科 学 出 版 社

北 京

内 容 简 介

本书着眼于实践入门，通过遍历项目开发从0到1的过程，带领读者快速理解、快速实现无感FOC（field oriented control，磁场定向控制），以较短的时间、较低的代价初步掌握无感FOC的基本原理和运行特性，最终实现10000r/min以上的高速驱动。

全书共5章，主要内容包括无感FOC概述、开发环境准备、无感FOC算法原理和编程实践等。行文尽可能秉持工程师口吻，少堆砌复杂的数学公式，多举例子、摆事实，以降低初学者入门难度。

本书可作为工科院校自动控制、电子工程、机电一体化相关专业的教材，也可作为工程技术人员的参考书。

图书在版编目（CIP）数据

无感FOC入门指南/阳波编著.—北京：科学出版社，2023.4

ISBN 978-7-03-075176-8

Ⅰ.①无… Ⅱ.①阳… Ⅲ.①电机–自动控制系统–研究–指南 Ⅳ.①TM301.2-62

中国版本图书馆CIP数据核字（2023）第045730号

责任编辑：喻永光 杨 凯/责任制作：周 密 魏 谨

责任印制：师艳茹/封面设计：张 凌

北京东方科龙图文有限公司 制作

http：//www.okbook.com.cn

科 学 出 版 社 出版

北京东黄城根北街16号

邮政编码：100717

http：//www.sciencep.com

北京九天鸿程印刷有限责任公司 印刷

科学出版社发行各地新华书店经销

*

2023年4月第 一 版 开本：787×1092 1/16

2023年4月第一次印刷 印张：10

字数：168 000

定价：128.00元

（如有印装质量问题，我社负责调换）

前 言

一直以来，电机控制都是技术研究和应用的热点，无刷电机的无感（sensorless，无传感器）控制备受关注，初学者入门的呼声甚高。更不用说无感 FOC，当前几乎是电机控制技术应用的天花板。

无刷电机的无感控制有一定的学习门槛，涉及多学科的知识融合，离不开技术实践，难以速成。

无刷电机控制的技术成长路径，一般是有感方波（带霍尔传感器）→无感方波→有感 FOC（带编码器）→无感 FOC。经过这样的历练，你会对无刷电机控制有更深入的认识。不要轻信“× 天精通无感 FOC 控制”，循序渐进是学习的基本规律，今天缺的课将来总有一天是要补回来的。

尽管没有速成大法，但也要尽量避免盲目摸索、误走弯路。就笔者自己学习、研究、开发无感方波控制器、无感 FOC 控制器、微型交流伺服控制器、高性能模型舵机控制器的经历来看，高效学习的关键是找到正确的学习路径和学习方法。鉴于此，笔者写作本书，试以初学者的认知水平为基础，用通俗的语言和大量的现场图片，循序渐进地引导读者领略一个完整的无感 FOC 项目。经此一遭，相信读者会对无感 FOC 有更全面、更深入的认识，因飞速旋转的电机、实时显示的变量波形而收获自信，进而敢于挑战更有难度的项目。好的开端是成功的一半。

电机控制技术研究，免不了翻阅技术论文。在笔者看来，即便是初学者，也有必要放眼全球，万不可因语言障碍而却步。另外，除了技术论文，还有必要多看看各芯片厂商的技术文档，Microchip（微芯）、Infineon（英飞凌）等公司的应用笔记都是非常不错的学习资料。

很多初学者会因论文中的大量复杂数学公式而生畏，感叹自己“读的书少”。事实上，就工程实践而言，数学描述很重要，计算机仿真也很重要，但它们并不会自动显示问题的解决方案，进步的唯一方法是多实践、多思考。

阅读本书时，笔者希望读者怀着读历险记的心态，保持窃读的好奇，感悟技术。也可以从自己感兴趣的地方开始读，等到读得有感觉了，对无感FOC控制有所理解了再加以实践，在反复实践的过程中自然会有更深的理解。整个的控制流程务必能够用白纸自行画出，所有的波形都要了然于心，不同的电机、不同的负载特性、不同的应用场合都要多多见识。技术经验是需要时间积累的，无法取巧。到了最后，就是工程师凭借丰富的解决问题的经验和积累的知识、技能快速对项目有个深度的认知，能够因应具体的问题给出最合适的工程解决方案，以量产的形式实现商业目的——这是优秀工程师的核心竞争力。

本书的目标是带领读者使用英飞凌XMC4100单片机，以硬件浮点计算的方式实现高速无感FOC驱动，基于$E_d = 0$（d轴反电动势为0）的锁相环控制，最终让7对极、KV值为1000的新西达航模无刷电机在12V电源电压下达到10000r/min以上的转速——这比那些芯片厂商提供的应用笔记支持的转速高得多。

对初学者而言，仅靠读代码是吃不透电机控制算法的，最好在电机运行时观察各种变量波形来加深认识。在这方面，有必要准备一套经过验证的驱动器硬件。为此，笔者专门设计了一款电机控制板，并免费提供PCB Gerber文件，读者可以自行打样，然后购买元器件、焊接。焊接是门技术活，万不可轻视！为了方便读者熟悉电路，PCB布局特意做了功能分区。所有关键测试点都已引出，插上示波器探头就能观测波形。这款控制板具备单电阻、双电阻、三电阻的低边采样功能，同时配备了SPI引脚，可以使用磁编码器实现微型交流伺服控制。单片机引脚没有全部使用，一方面是为了兼容英飞凌XMC1300系列M0单片机，以便将来使用整数运算实现更多的控制算法，这是提高性价比的有效手段；另一方面是为了简化电路，只专注实现基本功能，不搞复杂功能堆积，用心一处，其效百倍。掌握了核心，自然可以灵活变化。

尽管在一年前就接受科学出版社喻永光先生的邀约，计划写作一本无感FOC入门书，无奈笔者苦拖久矣，时至今日才草草完笔，自知理亏。感谢他的支持、鼓励、包容和理解。

值此之际，笔者终于有机会感谢那些提点、襄助过自己的良师益友。

深圳万威电子的邬文俊先生给了我在深圳工作的第一次机会，他的关照和指点，犹在耳畔。

深圳德昌电机APG的王晓明博导为笔者的技术生涯打开了新的大门，昔日种种，感念在心。笔者至今仍怀念在德昌电机和同事们奋斗的日子，友谊长存！

深圳英浩科技的林思和先生，许多年来从不附带任何量产条件地无偿提供英飞凌产品样片和技术支持，是笔者研发工作的强有力支撑。

最后，笔者要向自己的爱人致以深深的感激和歉意，没有她的支持、理解和忍耐，笔者是不可能一直坚持技术开发工作的。

诚然，笔者的经验和水平有限，加之时间仓促，若有错误和不妥之处，还恳请广大读者批评指正。

阳 波

2023年1月1日

目 录

第1章　概　述

1.1　从哪里学起

1.1.1　无感方波控制

虽然本书的主题是无感FOC，但出于讨论的完整性考虑，还是有必要加入无感方波控制的内容。

考虑到技术实现的细节，一般论文对工程应用的直接帮助不大，不如芯片厂商提供的应用笔记和开源项目实用。工程师大都比较务实，需要的是即学即用，至少是有借鉴意义的技术知识和经验。

无感方波控制的参考资料，首推开源项目BLHeli。它起先是基于8位单片机C8051F330的汇编语言程序，最初用于微型直升机定速控制，改善效果非常明显。作为过来人，笔者认为BLHeli是难得的汇编语言程序范例，值得好好学习和吸收。另外，无论是编写汇编程序，还是进行程序分析，有了扎实的汇编语言基础，你会感到有如神助。这里推荐读者先学习王爽老师的《汇编语言》，之后再吃透BLHeli程序，打下良好的汇编语言基础，以后一定会受益颇多！只不过，BLHeli后期改用32位单片机STM32F051，更名为BLHeli32之后，代码就不再开源了。虽然功能丰富了许多，但随着无感FOC的流行和单片机的飞速发展，以及功能定制化受到限制，BLHeli32并未能像BLHeli当初那样炙手可热。

1.1.2　无感FOC

无感FOC的参考资料，现在还是比较丰富的，但商业上有诸多限制。

有的厂商提供了完整的程序，但里面是C语言和汇编语言的混合编程，汇编指令是和该厂商专有的DSP引擎绑定的，要达到厂商演示性能，只能使用特定芯片。

有的厂商提供了全自动的电机控制代码生成器，看似只要输入各种参数，就能自动生成代码，非常省事，但最大的问题是生成的代码几乎不存在可读性，出现底层Bug时很难排查问题，而且所生成的代码也无法满足高性能应用的要求。

有的厂商将优秀的控制算法以硬件的形式固化到了单片机内部，用户无法了解其实现细节，只能在程序中调用其功能，输入参数就可以得到满意的性能，但需要购买这种特定的芯片。

有的厂商给出了全部的C语言代码，但核心算法（如无感FOC的位置估计部分）是以库的形式存在的，或者关键的核心参数是用另外的程序自动计算后提供的，用户无法得知参数计算的具体过程。

还有厂商使用一颗低阶芯片（如8051）完成接口通信和一些相对低速的处理，同时用协处理器硬件执行快速的算法任务，如FOC的各种变换、PI调节、数字滤波、三角函数计算等。

综上来看，各个厂商开放的代码实例和硬件参考，都有着各种各样、有意无意的限制，要么是难懂，要么是不全，要么是硬件非常贵，特别是开发板上的MAXON电机就价值几百块人民币，着实不利于初学者上手。

关于厂商的应用笔记，笔者强烈推荐Microchip的AN1078应用笔记。大家可以下载早期的代码压缩包，因为早期的代码结构清晰、易于理解。而且，最好配合官方的MCLV控制板学习，使用配套的上位机有利于学习和确认。虽然里面嵌入了DSP引擎的汇编语言，但是查阅指令手册、配合PICKIT3调试器，一步一步理解起来还是非常容易的。这个程序非常经典，而且具备一定的实用价值，务必要吃透。

无感FOC的开源项目，自然首推VESC了，其开发者本杰明（Benjamin Vedder）也给出了参考的算法论文，大家可以看看论文的数学描述是如何转化为代码的。VESC算法程序的各种“魔改”版本，以及所谓的去开源化自研项目，基本上撑起了视频网站上无感FOC视频秀的半边天。它使用STM32F405作为主控，频率高达168MHz，全部采用硬件浮点运算，配备USB接口的上位机显示，电机参数等可以通过程序自动测量和整定，值得深入学习。其不足之处在于，开发平台使用的操作系统不为大家所熟悉，单片机使用的操作系统也比较特殊，初学者不易理解。它最早是为滑板车直驱开发的，电流可以非常大，而车轮直径小，以大电流强拖确实可以满足要求。但是，用于高压植保机那种大型螺旋桨的快速启动，就会出现来回摆动的问题，必须先将螺旋桨强拖对齐后再行启动。考虑到STM32F405售价相对较高，在算法公开的情况下，很多人都会想到将其算法移植到更加便宜的ARM M3，甚至是M0核单片机上，这就考验工程师的功力了。当然，不用这个算法，也可以在M0核上实现乃至超过VESC启动算法的效果。最近，VESC也展示和开源了基于高频注入以及静音型高频注入的算法，效果相当不错，只是需要测量电机的相电流，而且所需的运放比较贵，以致项目成本较高。

1.2 无感控制算法

1.2.1 无感方波控制算法

无感方波控制，说是没有传感器，实际是使用无刷电机线圈作为传感器。方波控制也称为六步驱动，电机旋转一周要经历6种驱动状态。它的特点是在电机旋转的任何时刻，三个电机端子的一个接电源正极，一个接电源地，一个浮空。这样，在浮空端子上就能检测到电机线圈的反电动势，当永磁体经过线圈时，反电动势会出现由正转负或由负转正的变化。这个时刻就是所谓的“反电动势过零点”，它刚好与线圈对齐，是一个固定的参考位置。基于三个电机端子接电阻网络形成的虚拟中性点，单片机就可以通过比较器对浮空相电压与虚拟中性点电压进行比较，根据比较器的翻转确定过零点，进而根据先前的换相时刻推算出下一步换相的时刻。如此，不断检测对应的过零点，并据此换相，就实现了电机的连续运转。

考虑到反电动势与电机转速成正比，当电机静止时，反电动势为零，无法检测过零点。而当电机转速过低时，反电动势太小，信噪比过低，无法准确检测过零点。毕竟有PWM调制的地方，电路噪声都小不了。这就是说，可靠的过零点检测有最低转速要求。

一般来说，无感方波启动算法实质上都是盲启，即启动时根本不知道电机转子的位置，而是直接按默认的换相状态驱动，尝试检测过零点。如果在默认时间内没有检测到对应的过零点，那就按下一个换相状态驱动并检测过零点……直至检测到合适的过零点，电机正常驱动。在此基础上加以改进，也能得到令人满意的启动性能。由此可见，绝大部分论文称“电机静止时反电动势为零，无法检测过零点，所以无法启动”，有人云亦云之嫌，快速启动的实现在于理想条件和现实感知之间的权衡。想要知道一款无感驱动器是不是盲启，可以在保证安全的前提下，以小电流启动电机，用手捏住电机轴或其驱动的桨叶，只要电机连续来回摆动就可以判定为盲启。这样的驱动器无法在静止状态下保持对转子位置的跟踪。电机控制器性能不能仅看空载演示，一定要加负载。大电流锁定后的慢速强拖只能适应小惯量负载或空载，不能算超低速闭环控制，只能算开环强拖，没什么实用价值。电感只有几十微亨的航模电机和几十毫亨电感的工业电机的控制特性大不相同，电感大的电机往往更好控制。

盲启可以满足大部分应用需求，但存在一些限制。例如，某视频网站上让四旋翼飞行器在水中“飞行”的一个非典型应用，可以明显看到，原本在地面启动非常快速、平滑的螺旋桨，在水中的表现却大相径庭，有来回摆动强行定位的表征，就像动物被电击时四肢肌肉绷紧一样。究其原因，就在于这个电机的驱动采用的仍然是盲启算法。对于螺旋桨负载，刚启动时速度低，空气阻力可忽略不计，螺旋桨惯性力矩占主导地位，只要将启动 PWM 的占空比设为适当的经验值，就可以快速拉动螺旋桨产生足够的反电动势以供检测。期间，检测过零点到连续换相也就几十到几百毫秒的时间，几无感觉，如同有霍尔传感器一样顺畅。但在水中就不一样了，水的密度远大于空气，阻力比惯性力矩还大，只能加大启动 PWM 的占空比来加速拖动螺旋桨，这样就可以看到传统无感方波启动算法的慢动作。这种水下应用，要时刻保持对转子位置的跟踪，才能提供快速正反转或极低速旋转来调节机器姿态，解决方案是采用高频注入法或加装磁编码器。

无感方波的换相控制，还有一种不使用反电动势信号，而使用磁链信号的方法。这种方法的应用比较少，一般做法是先对浮空相反电动势信号积分得到磁链信号，然后比较磁链信号与设定阈值，决定换相时机。两种方法的区别在于，反电动势过零点信号与换相点信号不一致，对零度进角来说有 30° 偏移，也就是检查到过零点后，要再过 30° 电角才能换相；而磁链信号与换相点信号是一致的，可以方便地调节换相进角，比使用反电动势过零信号的方法响应更快、更可靠，穿越机的应用便是实证。考虑到电机是电感元件，其电流滞后于电压，为了实现高效控制以及提高输出功率，我们需要提前施加电压，就好像内燃机的点火进角，点火时刻需要根据转速实时调整。这里可以理解为提前换相，而且所有换相点都相对于过零点一致提前。

1.2.2 无感FOC算法

无感 FOC 比无感方波更复杂一些，但论其本质也不难。无感 FOC 算法基本上包含三部分，一是坐标系变换，二是电流调节，三是位置估计，其中以位置估计最为关键。

接下来，重点探讨无感 FOC 的位置估计算法。由无感方波的基本原理可知，在六步驱动中，总有一个电机端子是浮空的，此相半桥的功率开关管皆截止，阻抗无限大，所以可以直接采集这个端子的反电动势过零点作为换相依据。但无感 FOC 的情况完全不同，每一相板桥高低边功率开关管都是使用互补 PWM 驱动的，端子要么为电源电压，要么接地，没有浮空相，因此无法检测过零点信号。

既然无法直接检测，那就只能研究间接方法，由此产生了两类基本的位置估计算法。要提醒读者的是，前述无感方波控制的过零点位置每 60° 跳跃一次，6 次换相总计跳跃 360° 电角，而无感 FOC 需要连续的位置信号！

● 由反电动势或磁链信号得到位置信息

第一类位置估计算法是由反电动势或磁链信号得到位置信息，是主流方法，性能良好，但很难在极低速或静止状态下持续跟踪信号。优秀的设计可以实现速度过零的连续跟踪，在快速反转的情况下也能正常工作，具体策略有三种。

第一种是间接得到反电动势信号，思路是构建一个电机数学模型，与真实的电机一起运行。对于同样的电压输入，理论上真实电机的电流应该和电机模型一致，但实际中必然有所差别，遂用控制器加以补偿。一旦电机模型和真实电机的电流相同，就认为补偿结束，这时就可以对补偿量滤波，得到反电动势。进而，对两相正交坐标系中的两个反电动势信号做反正切运算，解算出连续的位置信号。具体的讨论和实现，参见 Microchip AN1078 应用笔记。

第二种也基于反电动势信号，但与第一种不同，它根据电机稳态运行时，平行于磁体方向（d 轴方向）的反电动势为 0 这个事实，通过锁相环控制保持其始终为 0。这样就可以通过检测 d 轴反电动势是否为 0 来调节给定速度，进而对速度积分，即在每个控制周期对速度值进行累加得到位置信息。这个位置信息又决定了 d 轴反电动势是否为 0，如此构成闭环控制。这是本书所用的策略，后续章节会详细解释。

第三种不使用反电动势信号，而是使用磁链信号。对于磁链信号，共有三种解算方法，一是对两相正交的磁链信号求反正切，直接得出位置。二是利用外差法通过锁相环得到位置。基于锁相环的控制一般都比较稳定，位置信号比较平滑，低速特性比较好，适合转速不高的应用，如滚筒洗衣机的直驱型外转子无刷电机。其最大的问题是，一旦堵转，就会出现失步，不适合高速动态响应的应用。三是直接估算三相静止坐标系中的转子磁链，但考虑到速度变化时很难进行相位误差补偿，用得不多。实际工程应用以前两种方法为主，Infineon 公司最初使用的是反正切法，后期改用了锁相环法，性能都不错，但均不支持零速和极低速时的位置估计。

- 高频注入算法

第二类位置估计算法其实就是高频注入算法，它利用电机的 d、q 轴电感差异来检测位置，最大的优势是支持零速跟踪位置，结合脉冲定位的方式，可以做到完全无反转、平滑顺畅的快速启动，在 M0 核、M3 核上都可以实现。其缺点是有高频噪声，而且响度还比较大，尽管提高 PWM 频率、随机抖动占空比、随机改变 PWM 频率，或者提高采样激励频率，可将噪声频率提高到听域以外，但难免有谐波成分被人耳感知。当然，实施高频注入的前提是，电机制造上保证 d、q 轴电感存在差异，否则也无能为力。

综合来看，TI 公司的 FAST 估计器性能占优，足以覆盖绝大多数应用，但由于使用磁链信号的位置估计仍然不能在零速和极低速下保持转子位置跟踪，也就是不能估计转子位置，所以要结合高频注入法进行全速域控制。

经过多年的发展，无感控制基本算法已日渐成熟，可能最后的挑战就在于电动自行车、滑板车的表贴式轮毂电机的驱动。这种电机的 d、q 轴电感差异极小，很难用高频注入算法来解算位置信号，而且基于反电动势的算法根本不适用。这种电机的产量巨大，如果能够实现重载零速启动，无反转、无抖动、平滑顺畅的启动，那将会产生颠覆性影响。

1.3 电机控制面面观

就实际来说，无刷电机控制可以分为有感控制和无感控制，也可以分为旋转控制和定位控制。

常见的有感控制多为使用霍尔传感器的方波六步驱动，早期的电动自行车是典型的应用场景。现在的电动自行车仍旧使用霍尔传感器，只是驱动方式由方波驱动发展到了 FOC 驱动。更高端的传感器，光电编码器或磁编码器通常用于工业交流伺服。

一般来说，方波驱动适用于梯形波反电动势的无刷电机（BLDC，无刷直流电机），FOC 驱动适用于正弦波反电动势的无刷电机（PMSM，永磁同步电机），但实际上很多 BLDC 的反电动势非常接近正弦波，也可进行无感 FOC 控制。无感 FOC 控制算法一般是基于正弦波反电动势的，反电动势不够正弦，就无法正常进行 FOC 驱动[1)]。无刷电机的反电动势波形是否正弦，可以通过示波器来直观判断：将无刷电机的一个端子接示波器接地夹，一个端子接示波器探头，剩下的端子悬空，用手转动电机转子，观察示波器的波形是否正弦。此时测量的是电机线电压。

旋转控制类应用随处可见，如风机、水泵、油泵、高速吹风机、滑板车等，FOC 驱动取代方波驱动是大势所趋。FOC 经过多年发展已经相当成熟了，技术难点主要体现在无感启动算法上，零速重载无反转平滑快速启动仍然是行业痛点。这方面德国 SMC Technologies 公司做得比较好，在视频网站上能搜到相关展示视频，有兴趣的读者可以看看。

定位类应用常见于工业伺服和模型舵机。工业伺服一般使用 PMSM，用光电编码器作位置反馈，进行电流环—速度环—位置环控制，即所谓的“三环控制”，目前已经发展得很成熟了。

模型舵机作为模型界的通用伺服装置，早已从模拟控制进化到了数字控制，电机也由有刷直流电机（包括空心杯有刷直流电机）发展到了无刷直流电机。带霍尔传感器的无刷电机，由方波驱动，经多级齿轮减速后传动输出主轴。同时，输出主轴连接电位器或磁编码器作位置反馈，构成位置闭环控制系统。虽然是模型用的，技术含量却不低，高频静音驱动、高速响应无超调，锁定刚性高、死区小、不发振等，皆是挑战。目前还没有看到 FOC 驱动的无刷舵机，一是就算使用工业伺服算法，也很难满足模型舵机的控制要求，特别是舵机齿隙导致的各种问题，非常棘手；二是无法在现有电机轴上安装磁编码器所需的磁体，在这样的条件下，工业 FOC 控制算法的效果并不比方波控制好。

近几年非常热门的开源伺服项目 ODrive 和前面提到的 VESC 算师出同门，只不过一个是无感 FOC，一个是有感 FOC。ODrive 先前使用光电编码器，后来也使用磁编码器。它采用的也是三环控制，基于编码器位置的锁相环进行位置和速度估计。在伺服控制中，速度环是关键一环，高性能控制的速度信号一般通过观测器得到，位置差分提取速度信息通常不能满足要求，因为信号噪声大、分辨率低。如果采用数字滤波器滤波，尽管信号会平滑许多，

1）这方面，利用 d 轴反电动势为 0 的锁相环位置估计算法的适用性较强。

但不可避免带来延时，导致性能下降。遗憾的是，和 BLHeli 一样，ODrive 目前也不开放源代码了。

1.4 本书的写作安排

通常来说，从小爱好电子制作、科技活动的工程师对技术更敏感，学得更快。主要原因在于他们发自内心地爱好，对技术研究有着天然的好奇心，且总有一股“玩”的劲头。玩多了就熟，玩久了就精。要想玩得好，关键是“开悟”。没有经历从 0 到 1 的技术研究过程，通过移植、“魔改”开源项目或者利用工作关系套取的技术只能在短时间内起作用，必定会在往后的技术竞争中疲态尽显、后劲不足。

为此，笔者尝试带领读者以遍历一个实际项目的方式逐步讲解，方便读者理解。项目的主要任务是用无感 FOC 算法对模型无刷电机实施高速驱动，并用电位器调节转速。为了让读者能够像学习物理那样直接理解和实现功能，全面理解无感 FOC 控制的过程，项目全部使用硬件浮点计算。这样可以免受非必要信息的干扰，也可以为定点数运算打下良好的基础。结合当前市场的供货和价格情况，笔者选用英飞凌公司基于 CORTEX M4 核的 XMC4100 单片机，使用库函数编程。

大致流程如下。

（1）设计驱动器电路并焊接一个硬件原型，讲解电路各部分的组成和原理。

（2）使用 KEIL 平台构建软件开发环境，加入 J-Scope 波形显示，通过 LED 闪烁状态和 J-Scope 波形来验证开发平台的功能。

（3）编写各个软件模块，同时利用硬件原型进行功能确认。

（4）探讨无感 FOC 的原理、各种坐标系的变换、PI 电流调节、SVPWM 调制原理，每个部分都会展示实际编程和测试。本书不打算加入速度环控制，而是用电位器调节 V_q 实现电机速度控制，目的是让读者尽快看见效果。理由是，到了这一步加入速度环是顺水推舟的事；另外，四旋翼飞行器也是通过调节 V_q 来调节转速的。

（5）完成无感算法的整合，实现按下按钮时电机启动，通过电位器调节电机转速，再按下另一个按钮时电机停止。

这一遭走下来，读者若能仔细焊接电路板、亲手敲入代码，认真观察波形，反复回顾算法的各部分及其相互关系，到最后即使合上书本也能在脑海中有条理地自我解说，那就算掌握无感FOC的基本原理了。

掌握无感FOC基础后，可以进一步学习死区电压补偿、高性能启动算法、初始角度脉冲定位、高频注入、快速整数计算、数字滤波器，以及使用磁编码器的微型交流伺服控制等。实践得来的知识最靠得住，仿真一万次都比不上让真实的电机成功旋转一次！

第 2 章　硬件准备

2.1　器材和工具

研究无刷电机控制，相应器材和工具必不可少。另外，强烈建议提前掌握焊接技能。

下面列出笔者在用的器材和工具，仅供读者朋友参考。

2.1.1　常用器材

● 稳压电源

敬告：千万别图省事而使用航模电池，这非常危险！

一定要使用带限流功能的稳压电源，如图 2.1 所示。

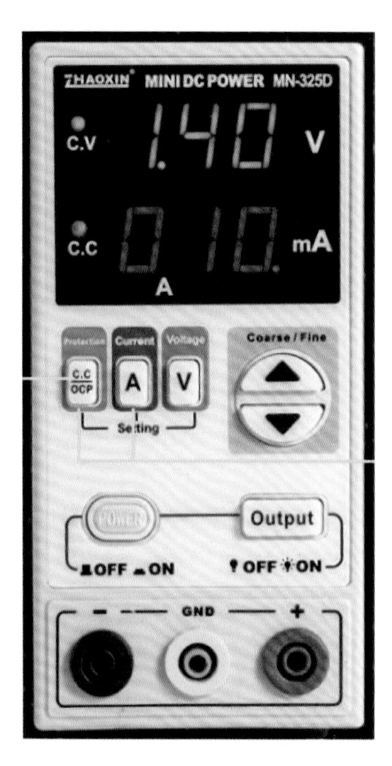

图 2.1　稳压电源（兆信 MINI DC-POWER MN-325D）

本书中，电源电压设定为12V，限流2A。不要超过12V，因为驱动板上添加了瞬态二极管（transient voltage suppressor，TVS），用来限制电机可能产生的过电压。

电机控制试验难免出现失误，就算没有失误，当高速旋转的电机骤然降速时，转子的动能将以极高的电压反馈到电源端，导致过电压。另外，堵转导致过电流也是家常便饭，这些都要加以防范！

对于初学者，刚开始学习电机控制时，建议从低压开始，获取足够的经验后再转入高压控制，这样会更顺利一些。

● 示波器

电机控制实验并不需要特别高端的示波器，国产的鼎阳示波器完全满足一般的嵌入式开发需求，而且面板布局清爽，操作直观，特别是其超高的存储深度，非常方便观看电机的启动过程，如图2.2所示。

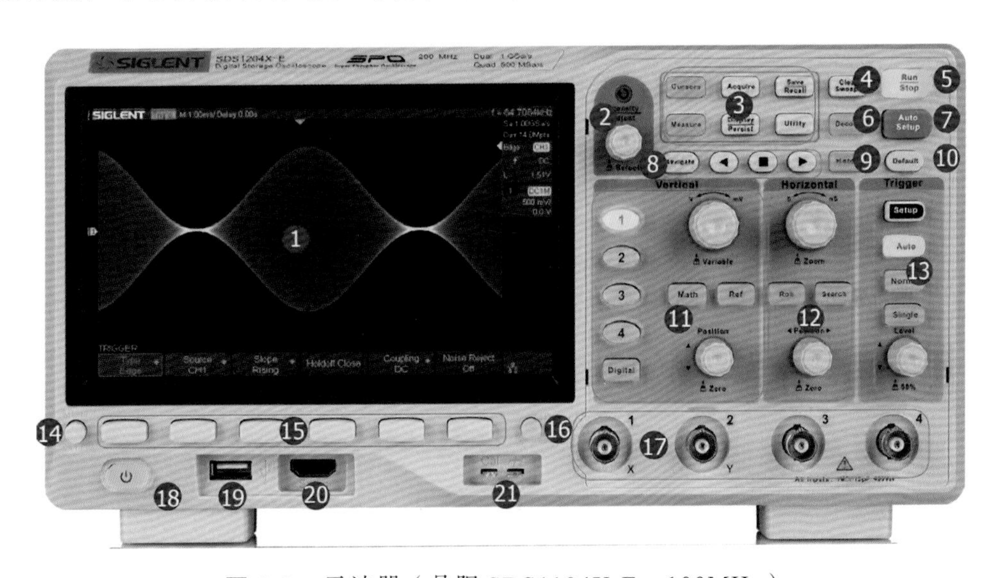

图2.2 示波器（鼎阳SDS1104X-E，100MHz）

● 万用表

万用表可能是最普及的测试仪表，现在几乎是数字式万用表的天下，过去的指针式模拟万用表似乎正在退出历史舞台。笔者的万用表如图2.3所示，使用方便，读数精确。

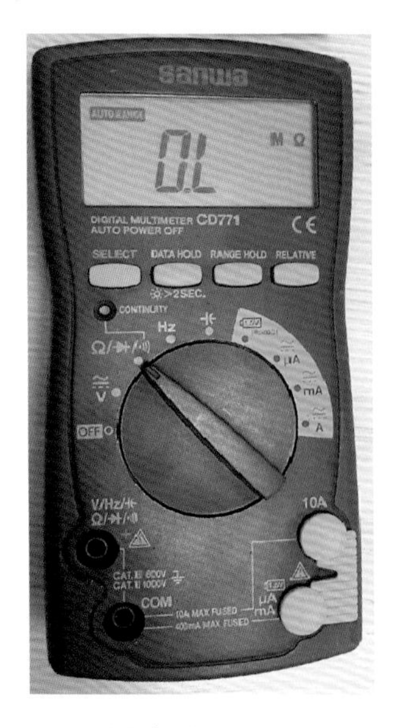

图 2.3 万用表（SANWA CD771）

● LCR电桥

LCR 电桥如图 2.4 所示，左边是本体，右边是配套的开尔文测试夹。

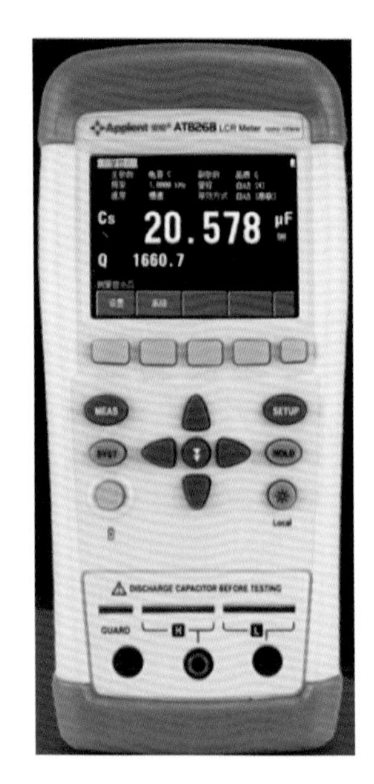

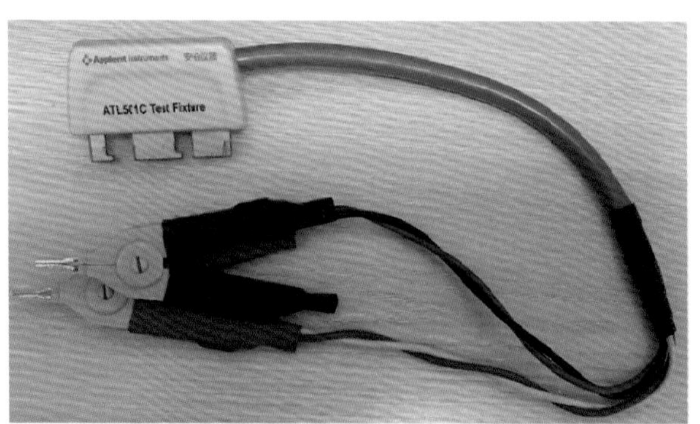

图 2.4 LCR 电桥（安柏 AT825）

LCR 电桥的价格不菲，但无感 FOC 开发经常要测量电机的相电阻和相电感等参数，有条件还是应该配备一台。

● 光电转速计

通常使用的转速计基本上是红外激光反射式光电转速计，如图 2.5 所示，使用时需要在被测物体上粘贴专用反射纸。

图 2.5 光电转速计（UT373）

接触式转速计很少见。

频闪转速计用得不多。它通过电位器调节闪光灯的闪烁频率，等到肉眼观察到旋转的被测物体“停止不动”，也就是闪光灯的闪烁频率和被测物旋转的频率相同时，显示换算出的转速。

● 电流钳

电流钳如图 2.6 所示，用来测量直流母线电流和电机相电流。左图所示为常用的电流探头，测量范围大，带宽一般在 200kHz 以上，但比较昂贵。右图所示为廉价的钳形电流表，带宽在 20kHz，尽管带宽不高，但基本能满足电流测量需求。

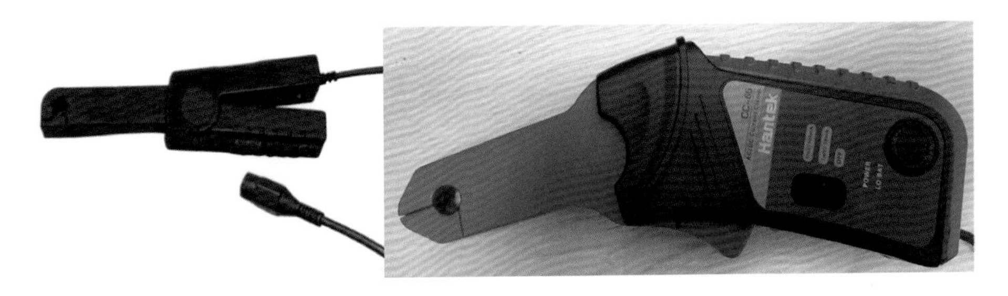

图 2.6 电流钳

● 电烙铁

图 2.7 所示为笔者使用的白光牌电烙铁，品质可靠。对于爱好者，正常使用的情况下，几年才需要更换一次烙铁头，而控制台几乎不会坏。

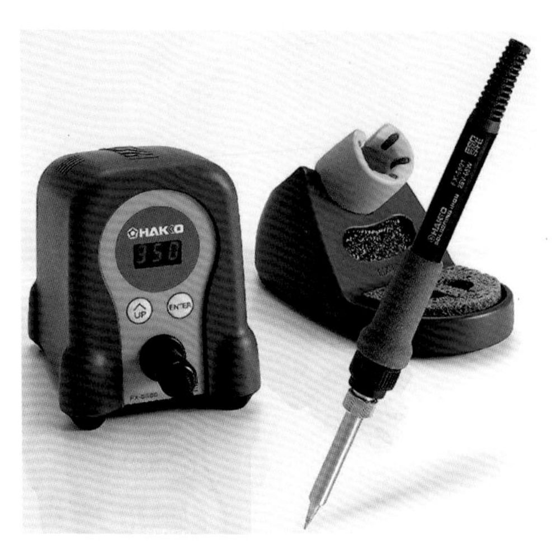

图 2.7 电烙铁（白光 FX888D）

现在，恒温电烙铁已经很普及了。但要注意，焊接温度不要调得太高，否则对芯片和烙铁头有不良影响，而且焊接时容易导致 PCB 铜箔脱离。千万不要养成敲击烙铁头、甩锡的坏习惯！清洁海绵加水润湿后用手捏干即可。一般使用内含松香的包芯焊锡丝，这样就不需要助焊剂了，而且酸性助焊剂有腐蚀作用。焊接时要牢记，一定要通风良好。

● 热风枪

热风枪如图 2.8 所示，主要用来拆焊表贴式元件。目前，电路板上的电

图 2.8 热风枪

子元件基本以表贴式元件为主了，用电烙铁拆焊多有不便。对于多引脚芯片或者底部有焊盘的芯片，只能使用热风枪加热后取下。

● 游标卡尺、镊子、剥线钳、高温镀银线、杜邦线吸锡带、低温锡膏、清洗剂

游标卡尺如图 2.9 所示，是 PCB LAYOUT 工程师的必备工具，用来确认元器件封装尺寸，测量 PCB 板厚、电机直径、磁编码器间距等。

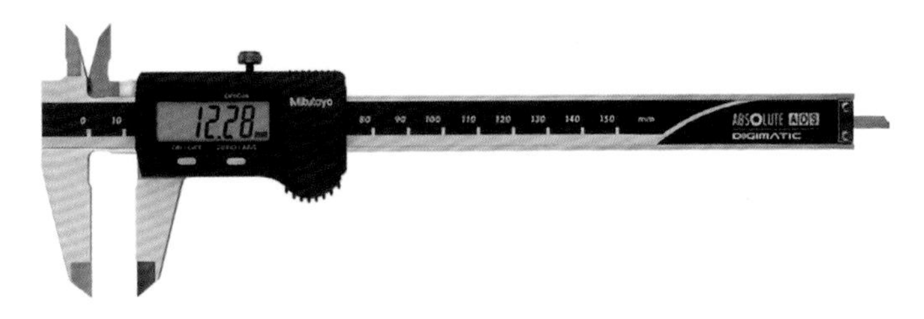

图 2.9 游标卡尺

图 2.10 所示是笔者常用的镊子，这种细长镊子用起来比较得心应手。

图 2.10 镊子（ESD-11）

剥线钳如图 2.11 所示，用于剥除单芯线的绝缘层。

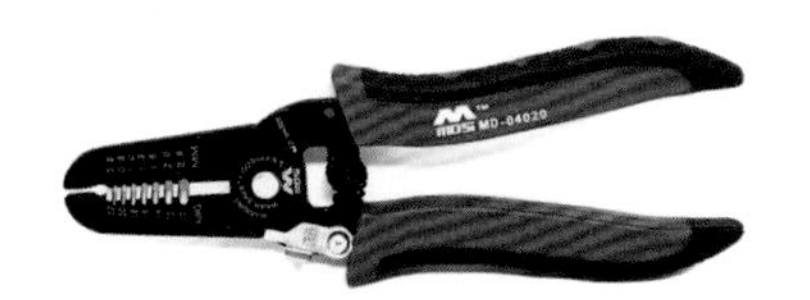

图 2.11 剥线钳

电子制作和开发免不了要飞线，图 2.12 所示这类高温单芯镀银线非常适合开发、维修使用。

图 2.12 高温镀银线

杜邦线如图 2.13 所示。可以准备各种颜色的杜邦线，以便示波器测量和飞线使用。

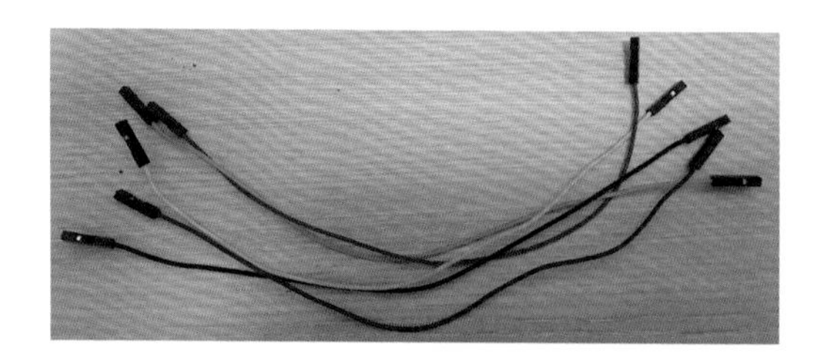

图 2.13 杜邦线

吸锡带如图 2.14 所示，用于清除焊盘孔和贴片元件焊盘处的焊锡。用吸锡带清除多余的焊锡非常方便，不会损伤焊盘。

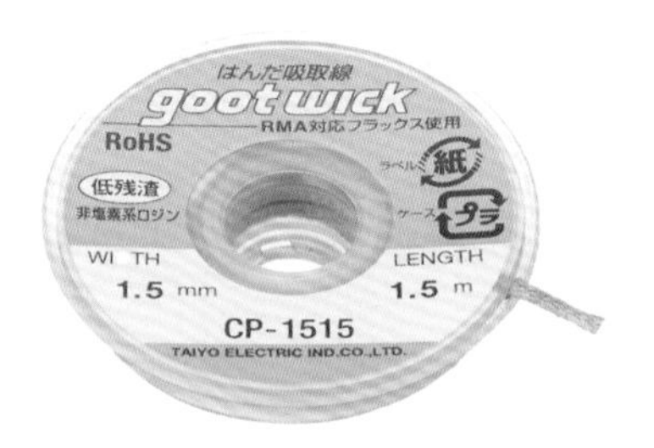

图 2.14 吸锡带

低温锡膏如图 2.15 所示，常用于贴片元件的焊接。可以用牙签蘸取少许，涂到焊盘上。

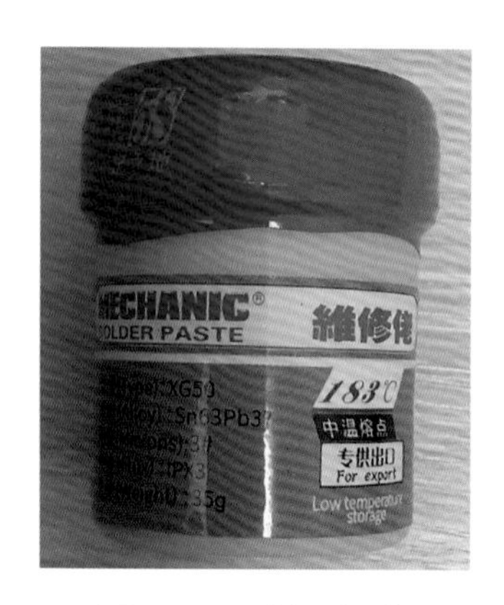

图 2.15 低温锡膏

清洗剂如图 2.16 所示，俗称“洗板水”，用于清洗 PCB 和元器件表面残留的焊接过程中产生的高温分解物，使得板面更清洁，元器件丝印更清晰。清洗时尽量不要使用硬质毛刷，以免造成元器件的机械损伤，以及大量清洗剂的挥发。挥发的清洗剂对身体有很大的伤害，所以清洗一定要在通风良好的场所进行。建议用镊子夹住脱脂棉，蘸取少量清洗剂一点点清洗。用过的脱脂棉切忌再次蘸取清洗剂，以免交叉污染。

图 2.16　清洗剂

2.1.2　实验必备工具

● J-Link调试器

单片机的程序调试和烧写，使用 J-Link 调试器。如图 2.17 所示，左为 SEGGER 公司的标准 J-Link 调试器，右为英飞凌官方评估板上取下的板载 J-Link 调试器。

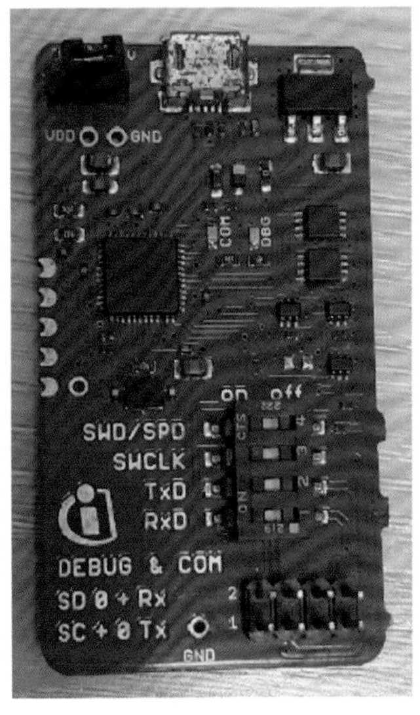

图 2.17　J-Link 调试器

● USB隔离器

凡涉及高压回路的电机控制调试，一般需使用专门的程控电源，这种电源具有完善的保护功能。尽管本书实验使用低压电源，但出于人身和设备安全考虑，还是建议初学者配备一个USB隔离器，如图2.18所示。J-Link调试器通过USB隔离器连接电脑，也可以让J-Scope虚拟示波器软件工作更稳定。

图2.18 USB隔离器

● 无刷电机

无刷电机如图2.19所示，根据永磁转子在外圈还是内圈旋转，有外转子型和内转子型之分。工业伺服电机一般是内转子电机，主要是因为内转子的转动惯量小，有利于快速响应。

图2.19(a)中的“1000kV”表示电源电压每提升1V，电机转速提高1000r/min。可以认为，12V电源电压下的电机轴转速约为12×1000=12000（r/min）。

图2.19(b)所示无刷电机中有14块永磁体，说明这款电机是7对极，英文表述为“7 pole-pairs”。1对极内转子电机是最基本的无刷电机结构，旋转一圈的电气角度和机械角度都是360°。如果电机的极对数为2，那么它旋转一圈的电气角度为720°，而机械角度仍为360°。换句话说，为了完成360°机械角度的旋转，电机需要完成2个360°电气角度的旋转，电气角度

是机械角度的极对数倍。进一步，用光电转速计测得的 7 对极电机机械转速为 10000r/min，那么对应的电气转速就是 10000r/min × 7 = 70000r/min。一般用电气转速来评价电机和驱动器支持的最大转速。

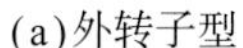
(a)外转子型

(b)内转子型

图 2.19 无刷电机

厂商提供的应用笔记，通常以工业用无刷电机为控制对象，转速一般不会超过 4000r/min，而且极对数较小，无法加速到更高的电气转速。另外，应用笔记中介绍的型号，市场售价不菲且难以买到，对初学者来说有一定的压力。为此，笔者选择廉价的航模无刷电机，如图 2.19(a) 所示。这种电机可能省去了动平衡调整工序，质量一般。特别要注意，千万不能敲击电机轴，这样容易导致轴承损坏。

● 本书配套控制板

如图 2.20 所示，控制板分为驱动器母板和单片机最小系统板两部分，通过 2.54mm 间距的排针连接，非常方便调试和更换单片机。

为了方便读者，控制板的 PCB Gerber 文件免费提供。至于单片机，大家可以联系深圳英浩科技，或者选用自己熟悉的型号移植程序。

硬件电路支持单电阻、双电阻、三电阻电流采样，同时提供硬件 SPI 接口供 TLE5012B 磁编码器使用，用以实现基于磁编码器的微型交流伺服控制器设计。

该控制板的硬件设计仅适用于学习、评估，不适合大电流使用。切记，电源电压为 12V。如需更大电流或电压，读者可再行设计。

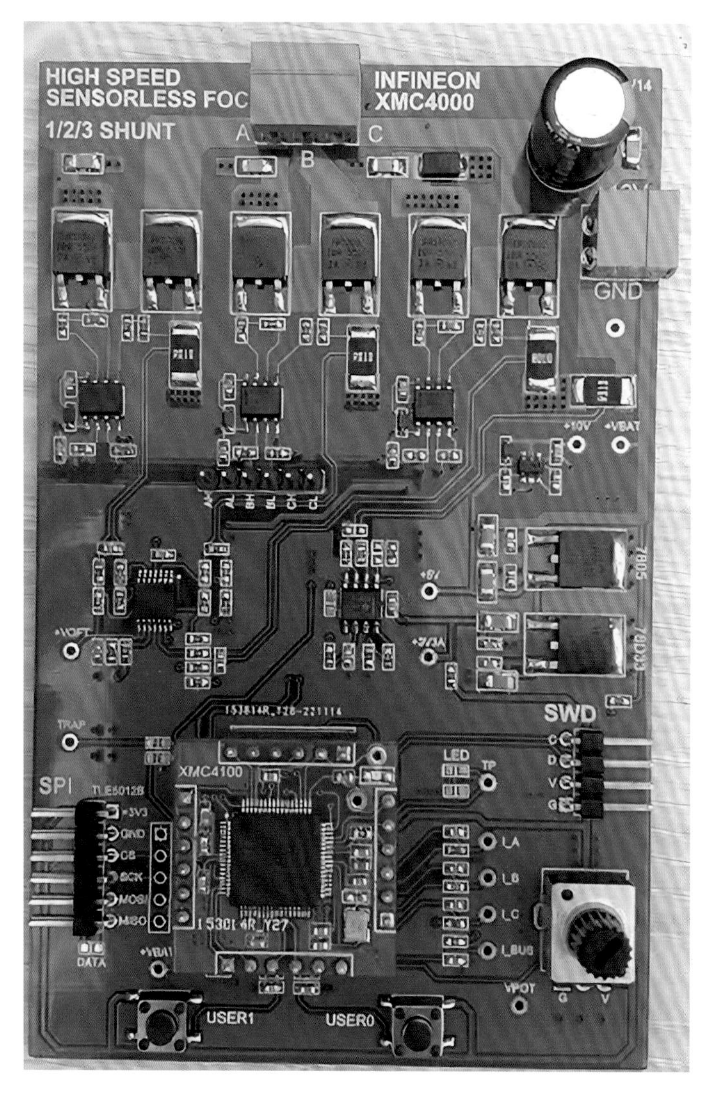

图 2.20 本书配套控制板

2.2 控制板电路详解

2.2.1 单片机最小系统板

单片机使用的是英飞凌 XMC4100F64K128BA，最小系统电路图如图 2.21 所示。它具有 128KB 的 FLASH、20KB 的 SRAM，封装为 TQFP64，内核是高性能的 ARM CORTEX-M4F，带硬件浮点单元，时钟频率高达 80MHz，使用 16MHz 外部石英振荡器，电源电压为 3.3V。

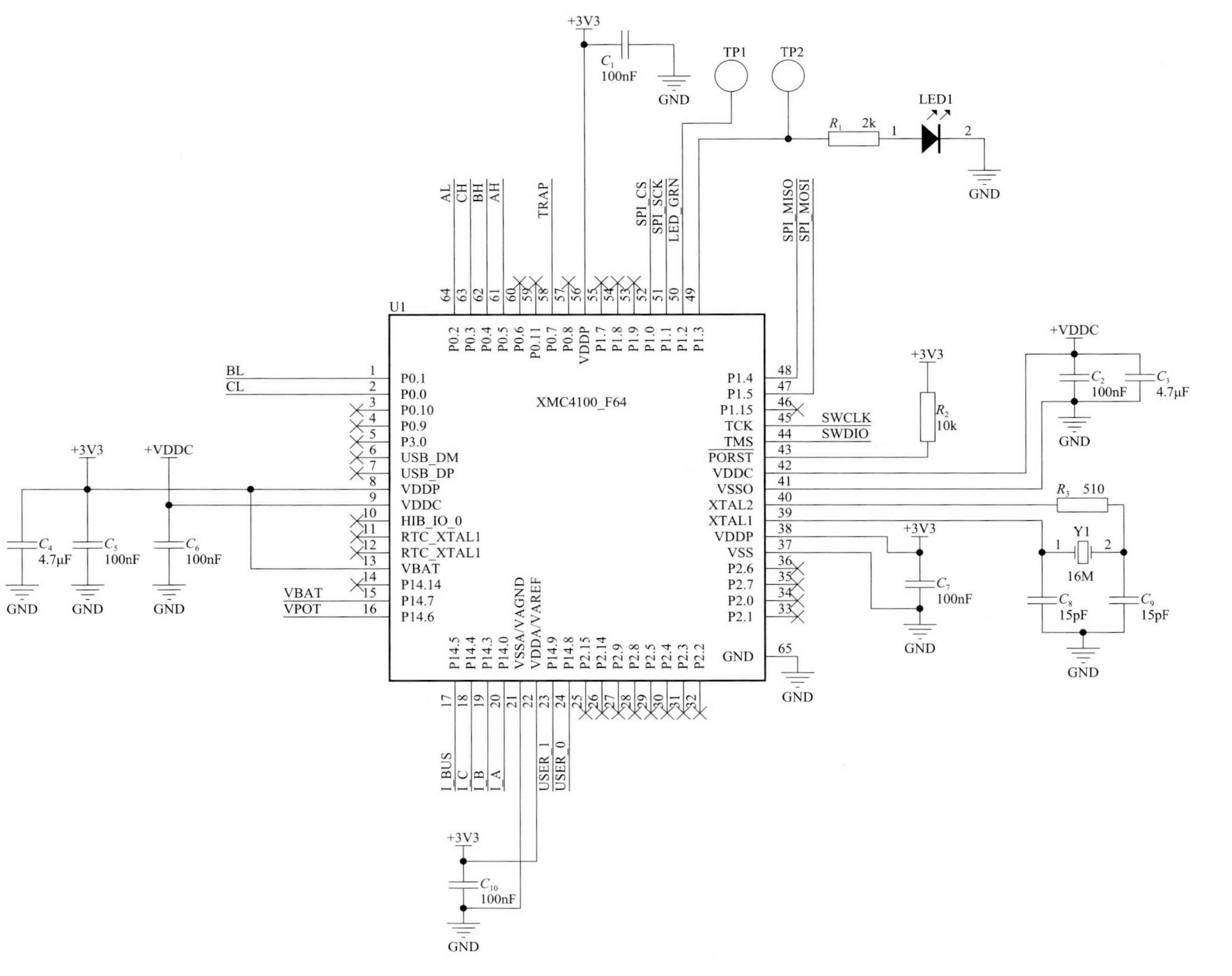

图 2.21 英飞凌 XMC4100F64K 最小系统电路图

这里无意详述此款单片机的功能，只是简单提及实现无感FOC所需的相关外设模块。如需进一步了解，可以下载官方资料。这类技术资料以英文为主，建议读者花工夫读懂、吃透，这是工程师成长绕不开、躲不过的坎。

单片机除了必要的IO（输入/输出）控制，还需要一些外设，参见表2.1～表2.3。例如，多通道12位ADC模块，可以生成6路带死区互补PWM的CCU8模块，利用TRAP引脚可以立即关闭全部PWM信号输出。通过SWD调试接口，可以利用J-Link调试器烧写、调试程序。特别是，利用配套的J-Scope软件可以实时观察动态波形，简直是电机控制实验"神器"。

表2.1 PWM信号和引脚定义

AH	P0.5	A相高边驱动
AL	P0.2	A相低边驱动
BH	P0.4	B相高边驱动
BL	P0.1	B相低边驱动
CH	P0.3	C相高边驱动
CL	P0.0	C相低边驱动

表2.2 ADC通道对应功能及引脚定义

信号名称	功　能	ADC通道	引脚名称
I_A	A相电流	GO_CHO	P14.0
I_B	B相电流	GO_CH3	P14.3
I_C	C相电流	GO_CE4	P14.4
I_BUS	低边母线电流	GO_CH5	P14.5
VPOT	电位器电压	GO_CH6	P14.6
VBAT	电源电压	GO_CH7	P14.7

注：XMC4100具有2个独立的ADC模块，分别记为G0和G1。

表2.3 测试引脚

Pl.2	TP1	母板上的LED
Pl.3	TP2	子板上的LED

XMC4100F64K128BA这款单片机的TQFP64封装有点特殊，其底部有接地焊盘，如图2.22所示。在业余条件下，焊接前可以先用牙签蘸取一点点低温焊膏涂在PCB焊盘上，对齐第1脚后放置芯片，用皱纹纸或高温胶带将芯片初步固定在焊盘上，再用镊子微调，对齐四周引脚之后用镊子轻轻按住，并用胶带固定好。随后，用焊锡将四角的引脚固定，再以"拖锡大法"焊好全部引脚。最后，用热风枪在PCB正反面加热对应的接地焊盘，使先前涂覆的锡膏融化，待冷却后用清洁剂清洗干净。

图 2.23 所示为最小系统板的接口定义，源自以前的 XMC1300 最小系统板，由于分配合理，就沿用下来了。

(a)顶视图

(b)底视图

图 2.22 XMC4100 的封装

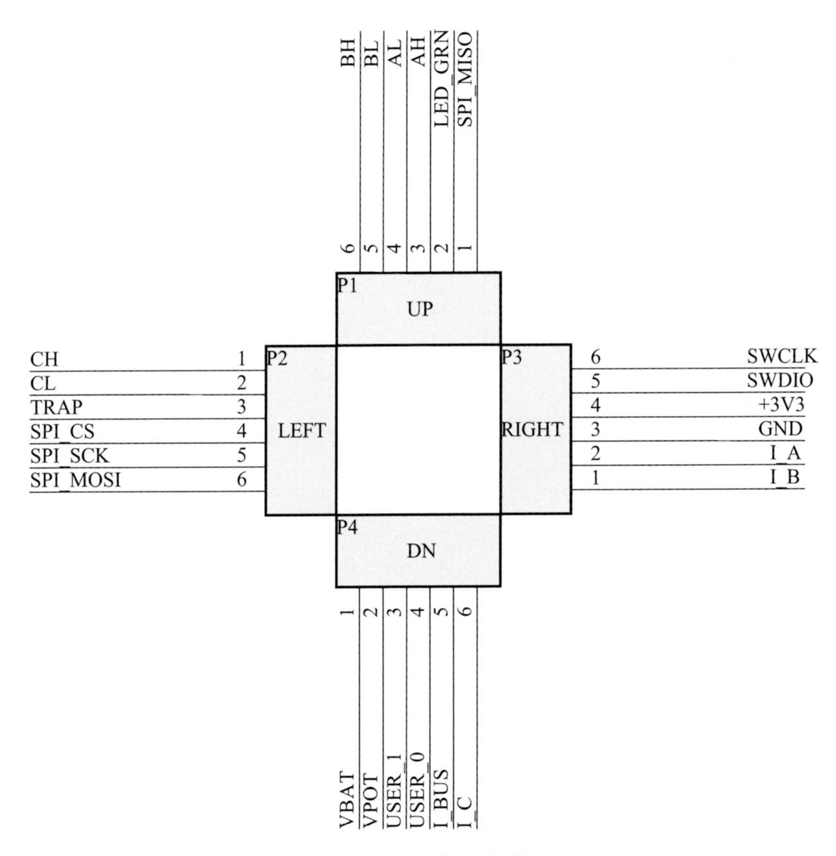

图 2.23 最小系统板的接口定义

图 2.24 所示为笔者 2015 年应某论坛网友的要求，使用英飞凌 XMC1301（QFN24 封装）开发的高速无感 FOC 开发板，当时反响还不错。

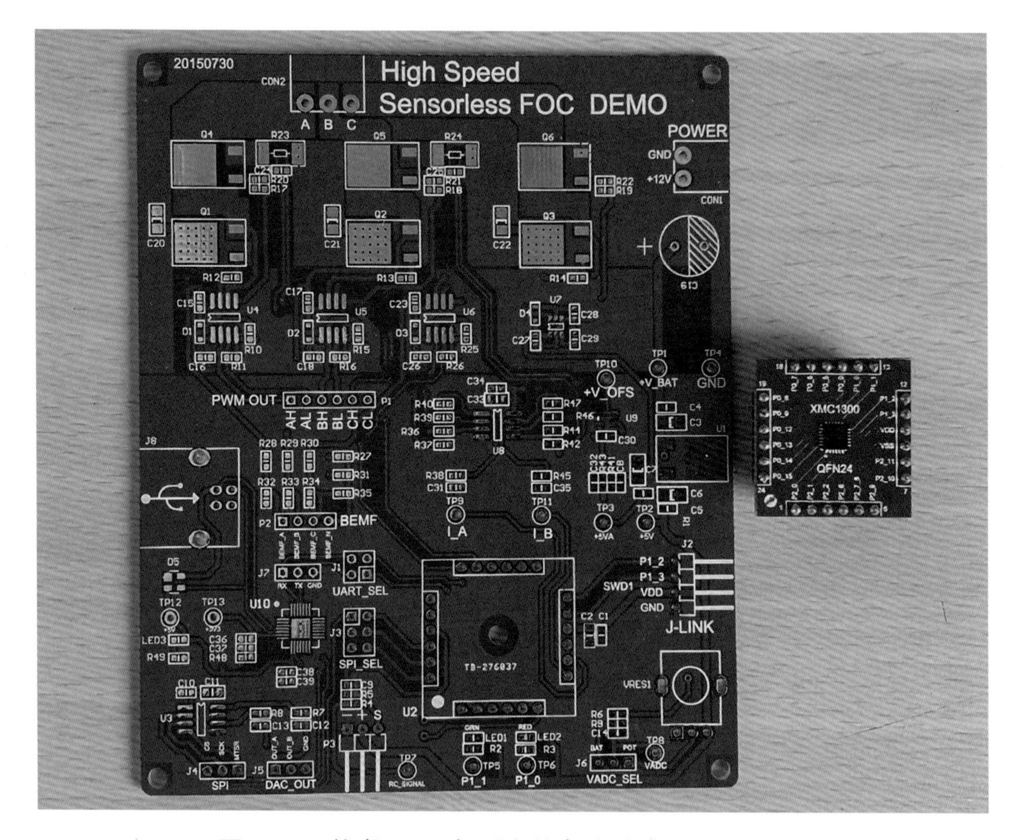

图 2.24 笔者 2015 年开发的高速无感 FOC 开发板

2.2.2 驱动器母板

为了简化电源部分的制作，仍然使用模拟稳压 IC，而不是开关降压 IC。当然，模拟稳压 IC 的噪声比开关降压 IC 低得多。如图 2.25 所示，+VBAT 提供的 12V 电源电压通过 U_3（7805）降压到 +5V，再通过 U_6（78D33）降压到 +3.3V（标记为 +3V3）。+3V3 和 +3V3A 之间设置的 R_{51} 起到一点噪声滤除作用。

+3V3 用来给单片机供电，+3V3A 用来给运放供电。单片机全速运行时消耗电流超过 100mA，稳压 IC 会有一定程度的发热，但属于正常工作状态。

拿到 PCB 空板后，请先焊接电源电路，并用万用表检查输出电压是否正常。这是第一步要做的工作，正确的电压输出是开发板正常工作的前提。

接着，焊接电荷泵电路，如图 2.26 所示。它的作用是将 +5V 升压成 +10V，为 MOSFET 驱动器提供高边栅极电压。同样，要用万用表确认输出电压为 10V。

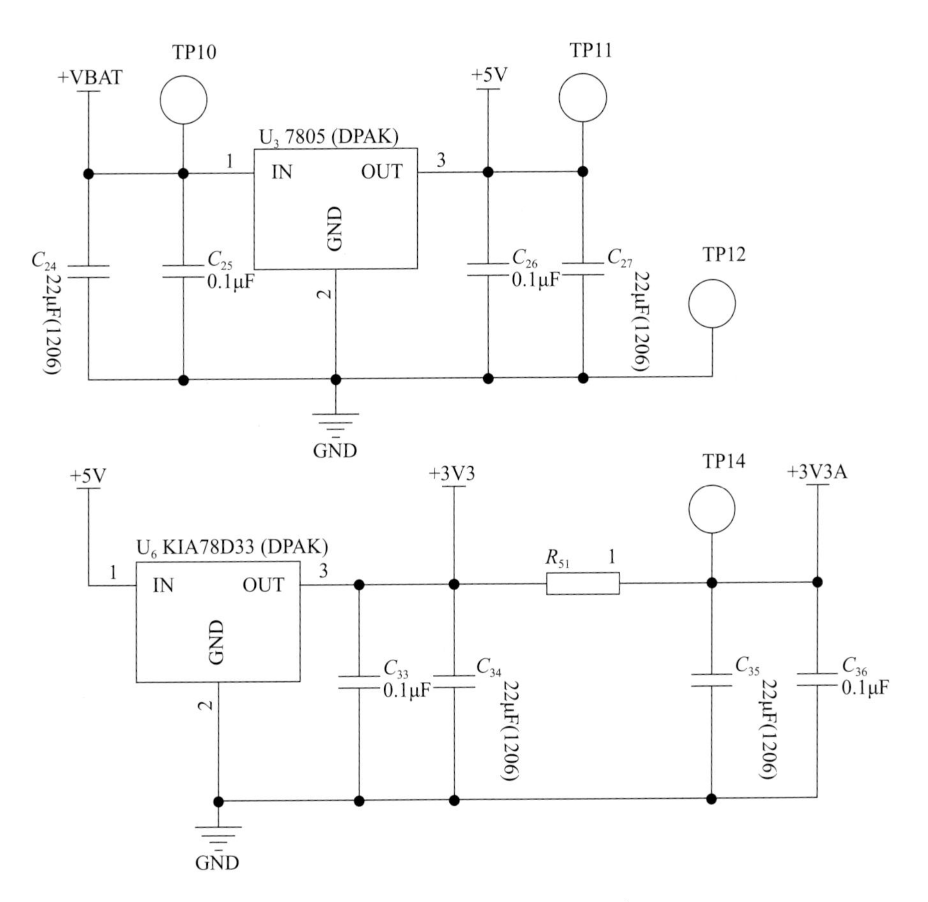

图 2.25 5V 和 3.3V 电源电路

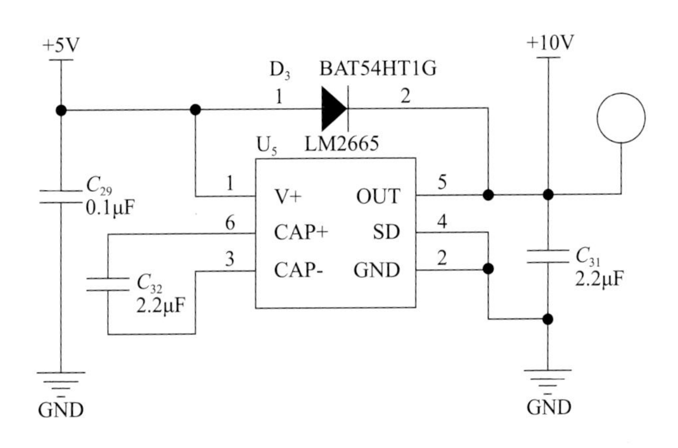

图 2.26 电荷泵倍压电路

三相半桥驱动电路一般使用 N 沟道 MOSFET——它就是一种电压控制型高速开关，要么导通，要么截止。图 2.27 所示为 A 相的 MOSFET 驱动电路，B 相、C 相类似。

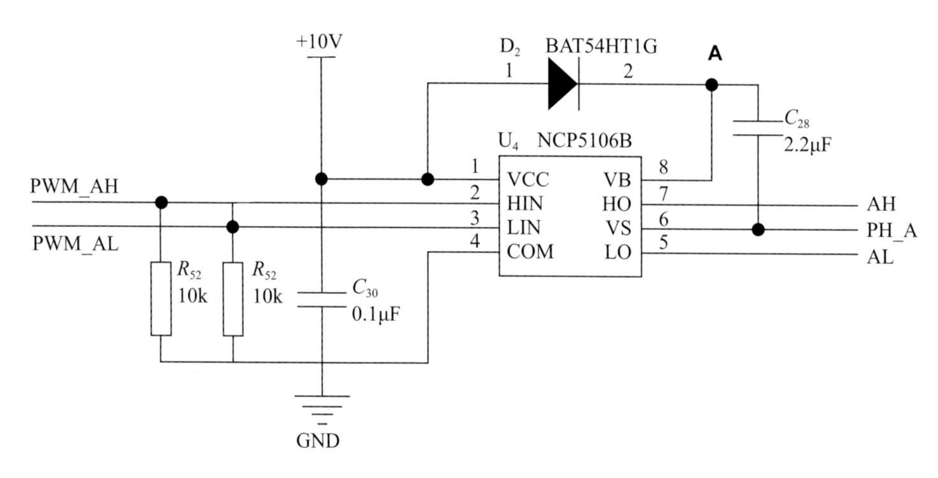

图 2.27 三相半桥驱动电路（A 相）

PWM_AH 信号控制高边 MOSFET 的导通 / 截止，PWM_AL 信号控制低边 MOSFET 的导通 / 截止。当 PWM_AH 为高电平时，高边 MOSFET 导通；当 PWM_AH 为低电平时，高边 MOSFET 截止。PWM_AL 的控制是一样的。

N 沟道 MOSFET 的导通条件是，LO 引脚对地电压超过 MOSFET 导通阈值，通过电荷泵升压得到的 10V 就是用于 LO 引脚对 MOSFET 栅极供电的。低边 MOSFET 的导通很简单，但高边 MOSFET 的导通有所不同。

当 A 相高边 MOSFET 导通时，PH_A 端子被接至电源电压，要使高边 MOSFET 导通，就得使 HO 引脚对电源电压超过 MOSFET 导通阈值。为此，要在高边 MOSFET 导通之前，先使低边 MOSFET 导通，将引脚拉低至 0V。进而，+10V 通过二极管 D_2 给电容 C_{28} 充电，于是 A 点电压约为 +10V（要减去二极管的正向压降，通常采用肖特基二极管，其正向压降较低）。此时再将 PWM_AH 置高电平，PH_A 端子电压即等于电源电压，而 A 点电压将被抬升至电源电压加上约 +10V 的电压，满足 MOSFET 的导通条件。切记，半桥高低边 MOSFET 同时导通会导致电源对地短路！这种“直通”会危及功率回路，是大忌。

如果 PWM_AH 一直保持高电平，那么电容 C_{28} 上的电压将会由约 +10V 缓慢下降。在降至 0V 之前，MOSFET 会由导通区进入线性区，最后到达截止区。进入线性区意味着 MOSFET 成了电阻，这违背了开关器件的原则：要么导通，要么截止，中间过渡状态越短越好。

无感 FOC 驱动一般使用互补 PWM。所谓“互补”，是指 PWM_AH 和 PWM_AL 的状态刚好相反。MOSFET 这种功率开关器件的开关速度固然很快，但毕竟有开和关的过渡。一般来说，导通比截止快。实际上，收到关闭信号后，上管要延时一定时间才会真正截止，而下管要等待上管真正截止之后才能开始导通。同样，下管收到关闭信号后，上管也要等待一定时间，待下管真正截止后才能开始导通。这个“一定时间”很短，被称为“死区时间”。如果没有这个“死区时间”，上下管交互导通时就有可能发生短暂的“直通”，这非常危险。

图 2.28 所示为电压型三相半桥驱动电路。C_{19} 在 PCB 上紧靠驱动回路，一般使用低 ESR（等效串联电阻）电解电容。电机驱动功率回路中通常存在较大的纹波电流，在这种情况下低 ESR 电解电容的发热更小，使用寿命更长。

D_1 是 TVS（瞬态电压抑制）二极管，用于将异常的过电压钳位到预设电压，起保护作用。电子产品可靠性提升，在很大程度上都归功于 TVS 二极管。电机控制难免出现过电压，典型如电机全速运行时，因意外失控或点击了调试器上的“停止”，转子的机械能就会在短时间内以过电压的方式回馈到功率回路，导致部分元器件过压损坏。添加 TVS 二极管后，电源电压必须低于 TVS 二极管击穿电压，这正是本书配套驱动板电源电压设为 12V 的原因。

电流采样电阻 R_{45}、R_{46}、R_{47} 分别用于 A 相、B 相、C 相电流测量，R_{48} 用于母线电流测量。

无刷电机的三相绕组，一般作星形接法或三角形接法，如图 2.29 所示，引出 3 个接线端子 A、B、C，分别接图 2.28 所示三相驱动电路输出 PH_A、PH_B、PH_C。无刷电机多采用星形接法，但也有出于降成本和绕线方便考虑采用三角形接法的，如高速吹风机、高速吸尘器用无刷电机，控制算法上要做适当修改。

相电流采样电路如图 2.30 所示。电流采样电阻串接在三相半桥低边 MOSFET 源极和功率地之间，其两端压降经差分放大电路放大，滤波后送往单片机 ADC 模块，转化为数字信号。为了尽可能减小噪声干扰，差分放大电路采用开尔文连接，即通过差分走线的方式将采样电阻两端电压送往放大电路的输入电阻引脚。每个运放的输出都设置了简单的 *RC* 滤波电路。

电流采样电路用的运放（运算放大器）有两个重要参数，增益带宽积和压摆率（即电压转换速率）。另外，一般要求轨至轨（rail to rail）输出，即运放的输出电压非常接近电源电压。图 2.30 中的 14 脚运放 TSV914，增益带宽积高达 8MHz，压摆率达 4.5V/μs，轨至轨输出。

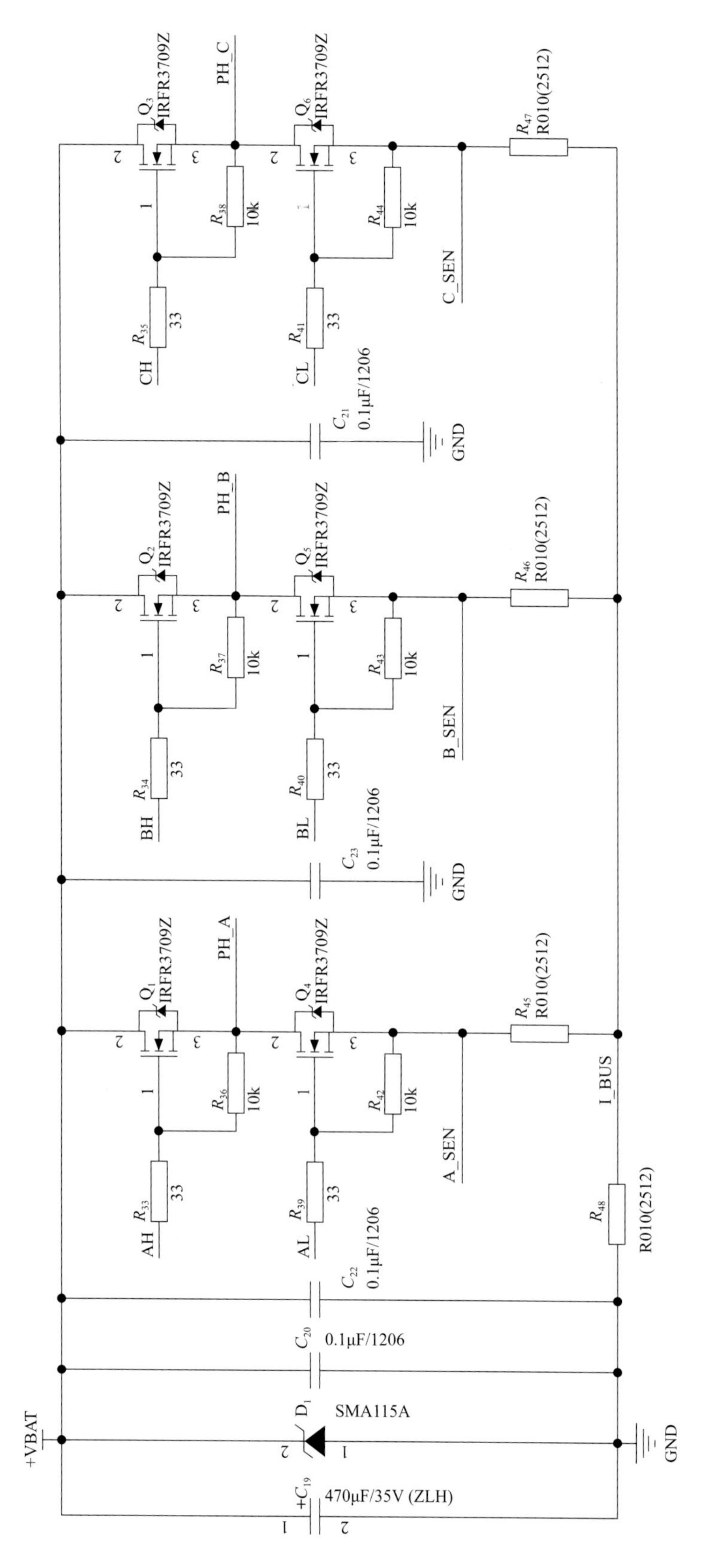

图 2.28 三相半桥驱动电路

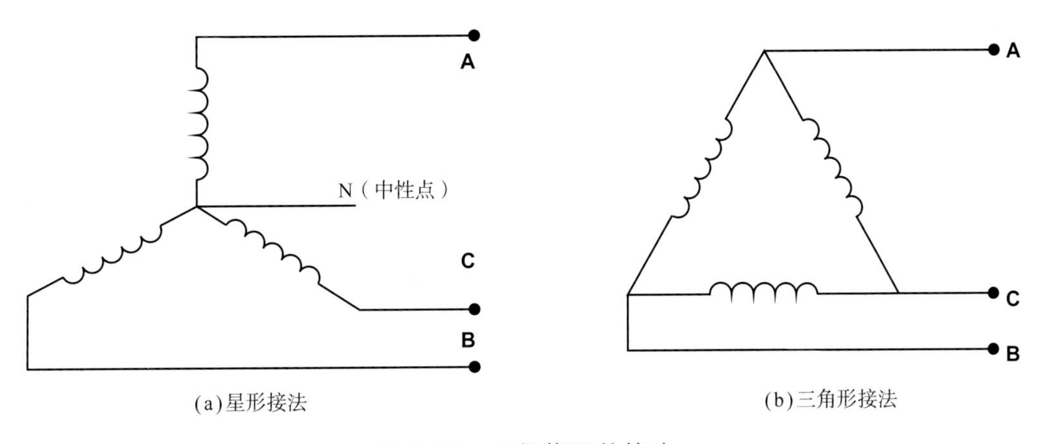

图 2.29 三相绕组的接法

图 2.30 中共有 4 块 TSV914，其中 3 块用于相电流测量，1 块作电压跟随器——为前面的 3 个 TSV914 内部运放提供 1.65V 偏置电压。这里，放大器增益 G 为 10 倍，计算过程如下：

$$R_{13}=R_{21}=10\mathrm{k\Omega}$$

$$R_{15}=R_{19}=1\mathrm{k\Omega}$$

$$G=R_{13}/R_{15}=10\mathrm{k\Omega}/1\mathrm{k\Omega}=10$$

为了让读者有清晰的概念，笔者特意使用经典的差分电路。这里使用专门的运放提供偏置电压，读者也可以通过适当的电路设计实现合适的偏置电压，具体可参考厂商的应用笔记。

母线电流采样和过流保护电路如图 2.31 所示，使用了同样性能的运放 TSV912。只不过 TSV912 内封装了 2 个运放，其中 $\mathrm{U_{1A}}$ 通过差分走线的方式对采样电阻 R_{48} 上的母线电压进行放大。$R_1=R_3=2\mathrm{k\Omega}$，$R_6=20\mathrm{k\Omega}$，因此放大器增益为 $R_6/R_1=20\mathrm{k\Omega}/2\mathrm{k\Omega}=10$，即放大了 10 倍。

$\mathrm{U_{1B}}$ 用于过流保护，R_7 和 R_8 分压决定过流电压阈值，R_9 用来提供比较阈值，类似于施密特触发器。根据 $+3.3\mathrm{V}\times1\mathrm{k\Omega}/(1\mathrm{k\Omega}+10\mathrm{k\Omega})=0.3\mathrm{V}$，$0.3\mathrm{V}\div10\div0.01=3\mathrm{A}$，当母线电流大于 3A 时，$\mathrm{U_{1B}}$ 的输出将由高电平变为低电平，通过 TRAP 引脚触发单片机 CCU8 立即关闭 PWM 输出。

为了确保安全，本书涉及的电机驱动仅在空载下进行，且电流限制为 2A，慢速调节电位器时电流不会超过 1A。请务必慢速调节电位器，不要人为制造堵转状态，建议熟悉无感 FOC 之后再进行大电流和堵转测试。

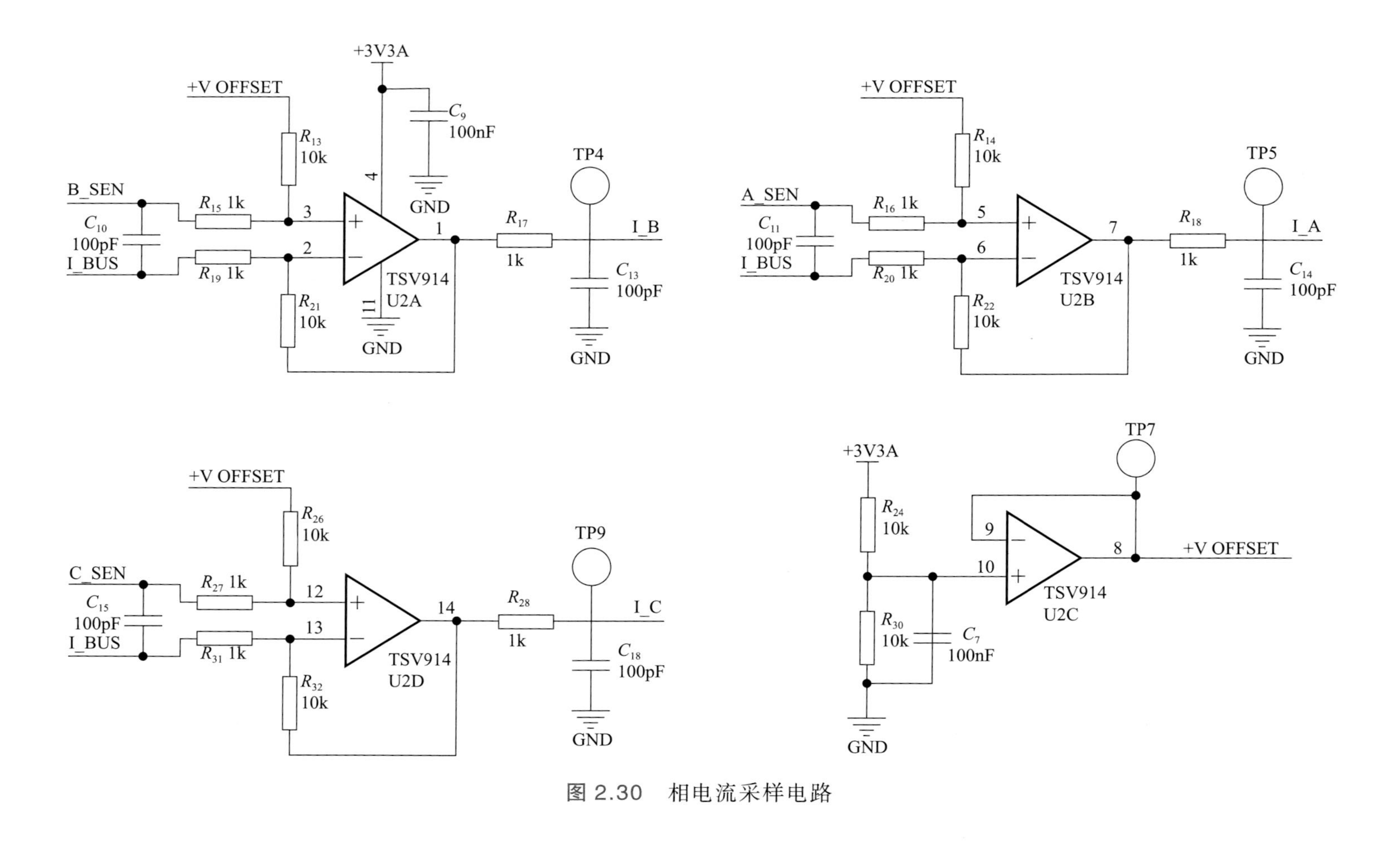

图 2.30 相电流采样电路

除了过流保护，无感FOC还应具备过电压、欠电压、过温、相间短路、缺相、短路保护等，但都和电流采样形式有关。单电阻采样可以检测过流和短路，双电阻采样并不能可靠检测过流和短路，三电阻采样可以检测过流和短路。R_{11}与C_8、R_{10}与C_7用来消除尖峰毛刺。本书重点关注核心控制原理，屏蔽其他附加功能，故并未使用TRAP功能，读者如有需要，可以参考英飞凌CCU8应用笔记配套的例程，稍微修改一下配置。

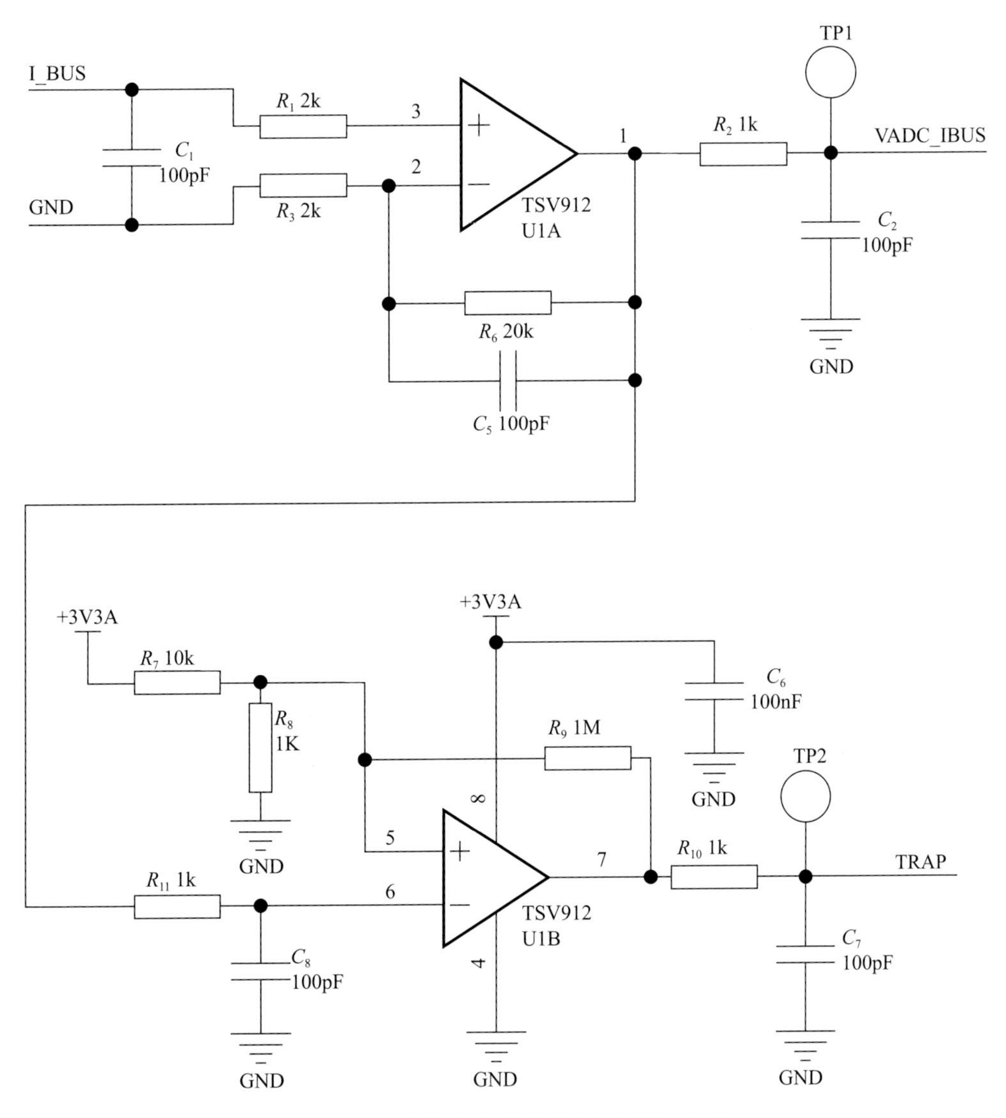

图 2.31 母线电流采样和过流保护电路

按钮开关输入电路如图2.32所示。电机的启动和停止通过按钮开关SW_1控制，上电后按下SW_1，电机启动；再按下SW_1，电机停止。按钮开关SW_2用于其他控制，如速度阶跃给定，以测试电机速度环的参数整定效果。

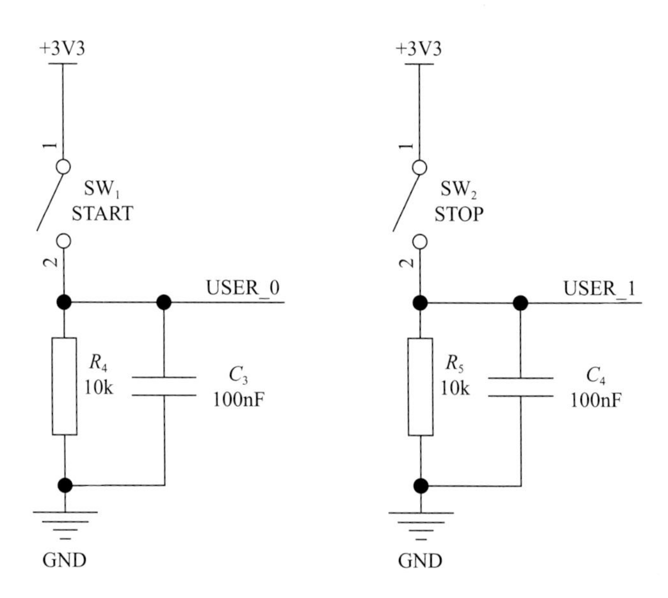

图 2.32 按钮开关输入电路

电位器输入电路如图 2.33 所示。电位器 $VRES_1$ 用来调节电机速度，逆时针拧到底为最低速，顺时针拧到底为最高速。在按下按钮开关 SW_1 前，请将电位器逆时针拧到底，确保启动后电机不会突然加速。另外，可以在电机最高速运行时快速将电位器拧到底，通过示波器可以观察到电源电压迅速增高，并被 TVS 钳位，即波形顶端被削平。本书配套程序中加了斜坡函数来缓慢改变电位器的给定值，读者可以忽视电位器的初始位置。

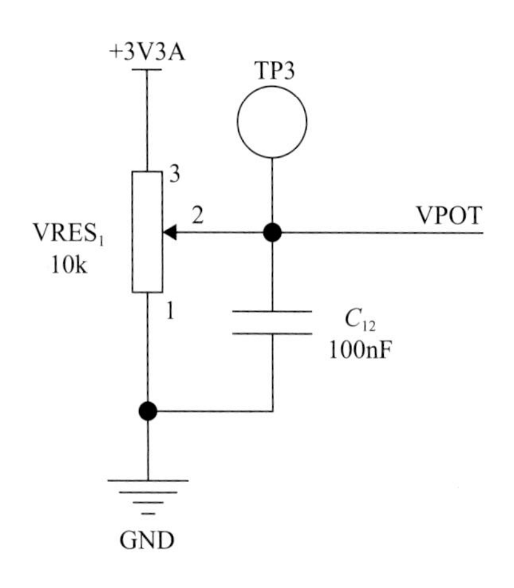

图 2.33 电位器输入电路

电源电压分压电路如图 2.34 所示。这是一个简单的电阻分压电路，一方面用来检测电源电压是否过压、欠压，另一方面可以用于电压纹波补偿（本书配套开发板没有实现，读者可以参考相关应用笔记）。

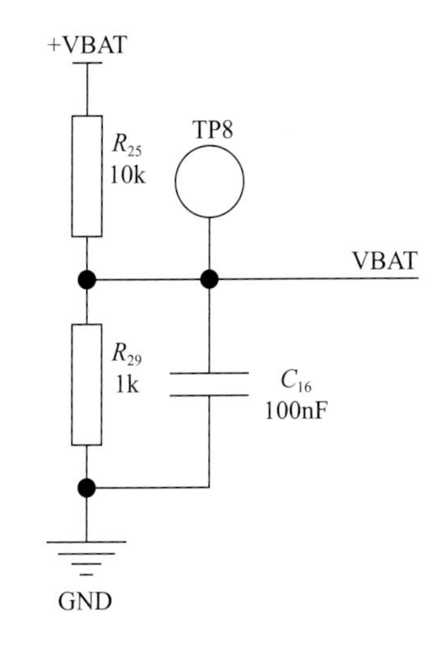

图 2.34 电源电压分压电路

LED 指示、测试点电路如图 2.35 所示。作为单片机电路设计，至少预留一个引脚作调试之用。LED 指示也非常重要，通过它一眼就能看出单片机有没有运行。特别是，如果添加一段单片机上电、LED 短暂闪烁后再执行的代码，就可以清晰地观察到系统运行的开始，对是否忘记复位看门狗、各种原因导致的系统反复复位都一目了然。预留 1 个这样的引脚，就可以利用示波器直接测量每个函数的执行时间，包括最小时间和最大时间。预留 2 个引脚就可以比较 2 路信号之间的时间关系。对电机控制这种硬实时控制的嵌入式系统来说，函数执行时间是非常重要的信息！

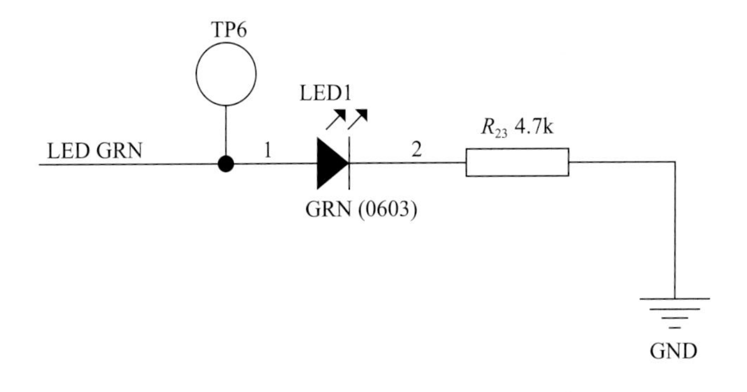

图 2.35 LED 指示、测试点电路

至此，硬件介绍基本结束。强烈建议读者一个部分一个部分地焊接，焊接完一个部分后马上测试功能是否正常，不要一口气把所有元器件都焊上，以免出现问题后不好排查。例如，焊接母板电路之前，笔者会先焊接好 XMC4100 最小系统板，尝试点亮 2 个 LED，并用 2 个按钮开关分别控制 2 个 LED 的亮灭，这样就能确认单片机工作正常、J-Link 下载程序正常。接着，编写程序产生3路带死区互补PWM波形，看看PWM波形的周期是不是50μs，以确认单片机振荡器频率和分频是否正确。然后，取一个单独的电位器，用杜邦线将中间抽头接到最小系统板的ADC引脚，打开KEIL开发环境的调试窗口，观察对应ADC通道的数值是否会随着电位器的转动在0 ~ 4095之间变化。

总而言之，学习要坚持循序渐进的原则，每完成一个部分即确认功能是否符合预期，是否所想即所现，只有一步一个脚印才能把基础打扎实。还要注意，务必对电机控制怀有敬畏之心，谨小慎微，避免触电、驱动板冒烟、起火，甚至爆炸。例如，高压电容接反，MOSFET驱动极性错误导致发热，电机高速驱动时堵转导致驱动板直接起火……这些都十分危险。诚然，MOSFET和IGBT冒烟、起火现象并不少见，但损失惨重并不意味着经验丰富，而是缺乏清晰头脑的象征。在很多场合，特别是高压、大电流场合，驱动器电路的损坏不能带来任何有价值的线索。一开始就用220V控制板学习，窃以为非明智之举。

第 3 章　软件准备

3.1　KEIL开发环境的准备

本书程序是基于KEIL μVision5集成开发环境V5.22.0.0版本，Windows 7 32位操作系统编写的。这里假设读者已经安装好KEIL，对此不熟悉的读者可以上网搜索下载及安装方法，版本不必和本书保持一致。

3.1.1　支持包下载

如果是第一次使用英飞凌XMC4100单片机，那么还需要到KEIL官网下载英飞凌XMC4000系列对应的支持包Infineon.XMC4000_DFP.2.7.1.pack。

（1）登录www.keil.com，选择左侧菜单栏“Device Database → Device List”，弹出页面如图3.1所示。

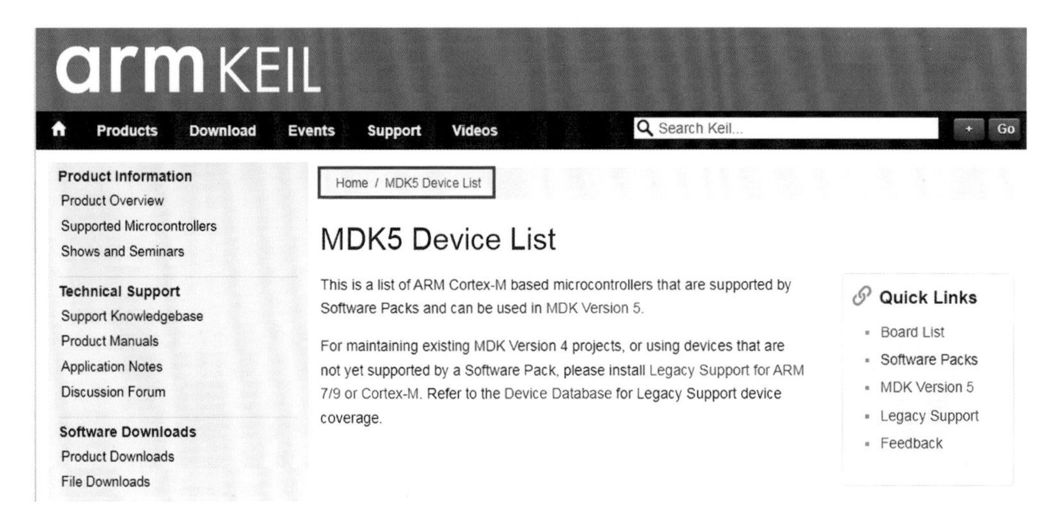

图3.1

（2）向下滚动翻页，选择“Infineon → XMC4000 → XMC4100 Series → XMC4100-F64x128”，如图3.2所示。

（3）点击打开XMC4100-F64x128页面，如图3.3所示，接着点击“Download”按钮，在“Notice”提示框中点击“OK”按钮即开始下载。

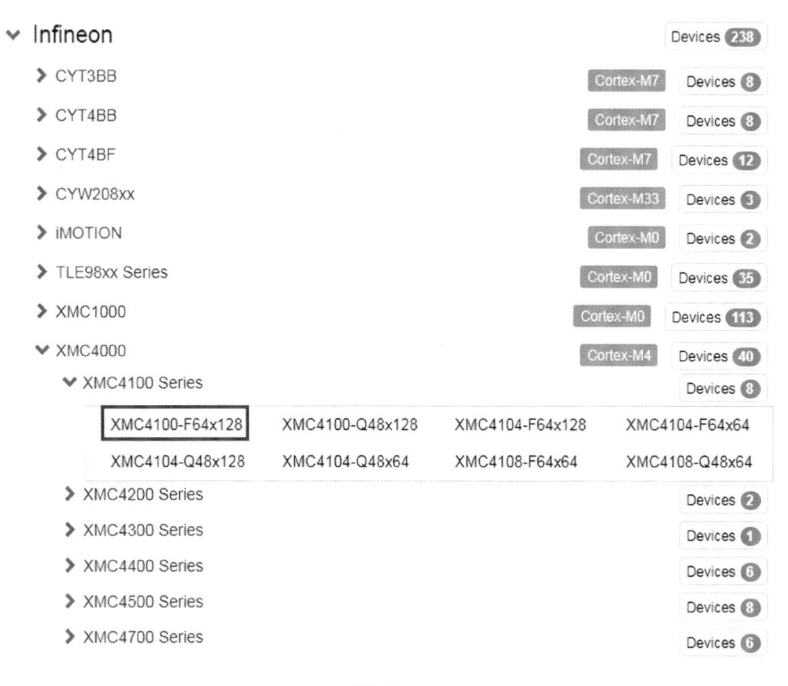

图 3.2

Infineon XMC4100-F64x128

ARM Cortex-M4, 80 MHz, 256 kB ROM, 19 kB RAM

The XMC4000 family marks a cornerstone in microcontroller design for real-time critical systems. With XMC4000 Infineon combines its leading-edge peripheral set with an industry-standard ARM® Cortex™-M4 core. Featuring Infineon's powerful peripheral set, configurable to specific application requirements, XMC4000 is the ultimate choice for today's industrial control solutions. This family is designed to tackle the imminent challenges of improving energy efficiency, supporting advanced communication protocols, and reducing time-to-market. Family members operate even in high-temperature environments of up to 125 °C, granting you access to their exceptional performance in all corners of your system.

- **Core** ARM Cortex-M4, 80 MHz, 1128 -channel DMA
- **Memory** 19 kB RAM, 256 kB ROM
- **Clock & Power** 80 MHz
- **Communication** CAN, Other, USB, Device
- **Timer/Counter/PWM**
- **Analog** 2-channel 12 bit DAC, 10-channel 12 bit ADC
- **I/O & Package** 64-QFP

Quick Links

- Board List
- Software Packs
- MDK Version 5
- Legacy Support
- Feedback

Content Statement

The information displayed on this page is supplied by Infineon. This content is not moderated, owned, nor validated by ARM.

Silicon Supplier

- Infineon

Device Family Pack

Support for this device is contained in:

Infineon XMC4000 Series Device Support, Drivers and Examples

图 3.3

3.1.2 支持包安装

旧版本 Windows 操作系统可能不支持最新版本的支持包。在这种情况下，要么安装旧版本支持包，要么更换操作系统（或者干脆换电脑）。

截至笔者写作本书时，最新版本是 XMC4000_DFP.2.14.0.pack。笔者使用的是 Windows 7 32 位操作系统，安装的版本是 XMC4000_DFP.2.7.1.pack。

支持包的安装步骤如下。

（1）打开 KEIL IDE，如图 3.4 所示，点击“Pack Installer”按钮。

图 3.4

（2）在弹出的“Pack Installer”窗口中选择“File→Import…”，如图 3.5 所示。

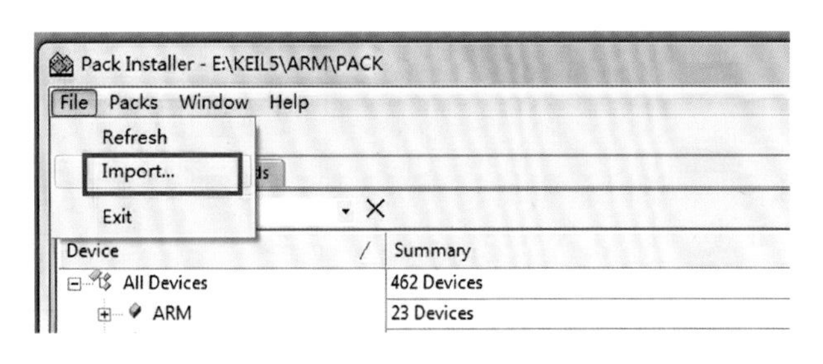

图 3.5

（3）在弹出的“Import Packs”窗口中选择“Infineon.XMC4000_DFP.2.7.1.pack”支持包，点击“打开”按钮即开始自动安装。

（4）安装完成后如图 3.6 所示，可以在“Device”目录中找到“XMC4100-F64x128”型号。

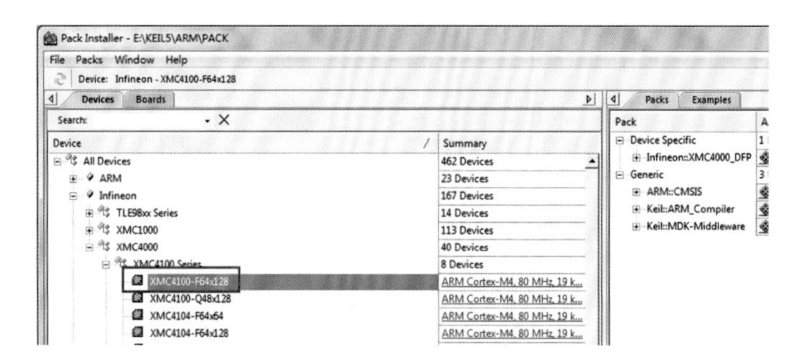

图 3.6

3.1.3 新建工程

为简单起见，整个工程只有一个 main.c 函数，不搞任何形式化的文件夹来分类放置文件。

（1）在 KEIL 主界面的菜单栏中选择“Project → New µVision Project”，如图 3.7 所示。

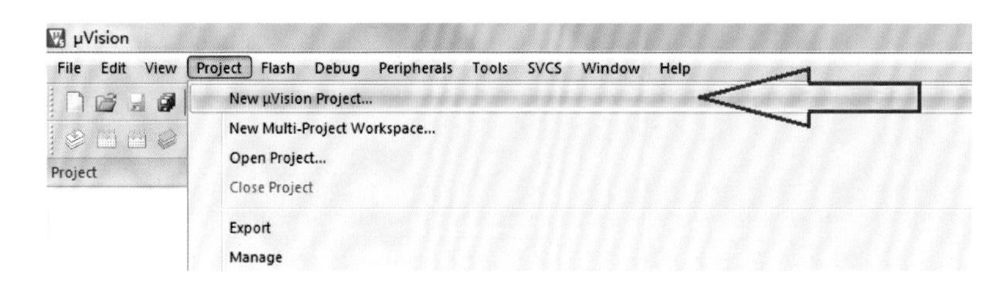

图 3.7

（2）在弹出的“Create New Project”窗口中选择路径新建 SLFOC_XMC4100 文件夹，如图 3.8 所示。命名新建工程为“SLFOC”，然后点击“保存”按钮。

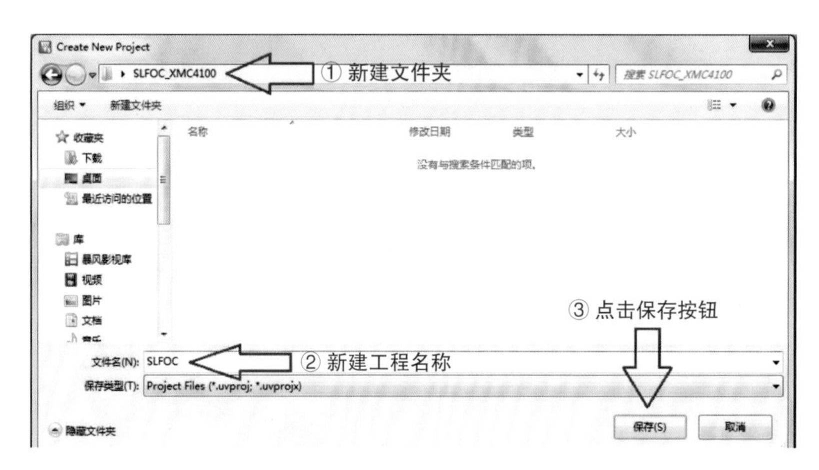

图 3.8

（3）在弹出的“Select Device for Target ‘Target1’”窗口中选择“XMC4100-F64x128”，如图 3.9 所示，然后点击“OK”按钮。

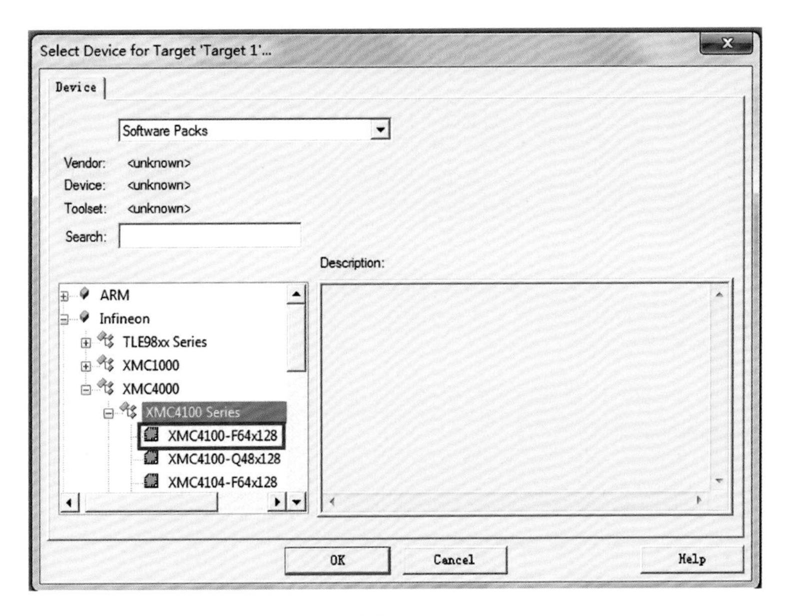

图 3.9

（4）在弹出的“Manage Run-Time Environment”窗口中勾选“CMSIS”下的“CORE”“DSP”和“Device”下的“Startup”（图 3.10），以及“XMClib”下的“CCU8”“GPIO”“SCU”“VADC”（图 3.11、图 3.12），最后点击“OK”按钮。

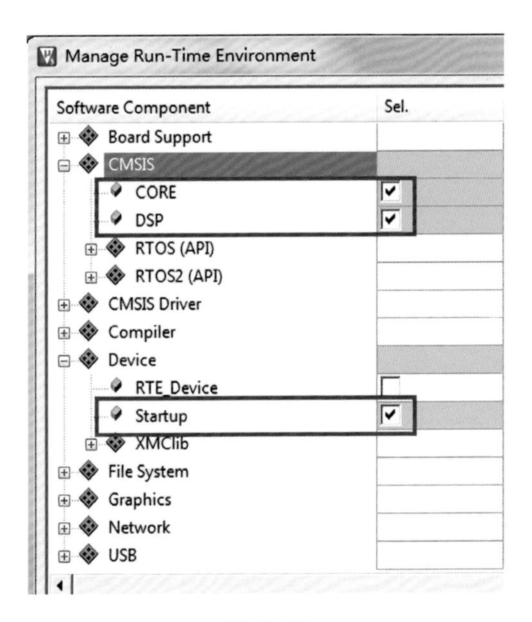

图 3.10

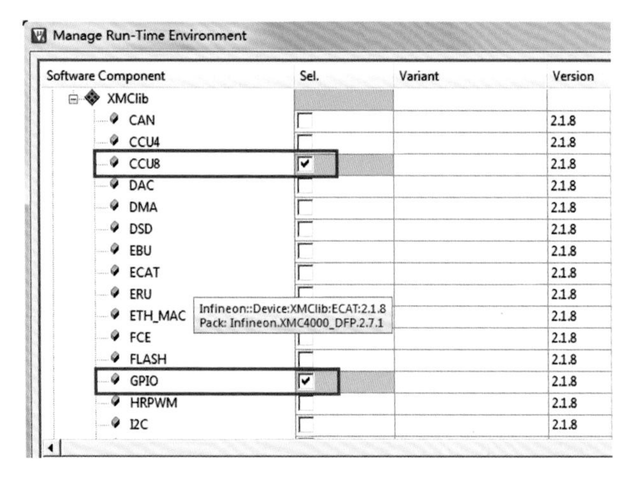

图 3.11

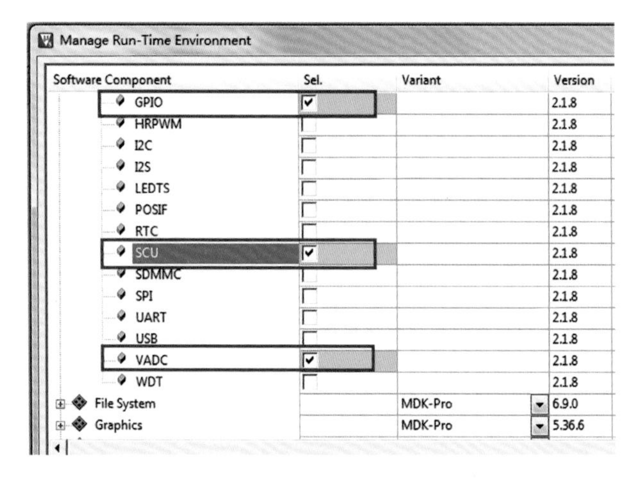

图 3.12

（5）回到主界面后，点击“新建文件”按钮，如图 3.13 所示。

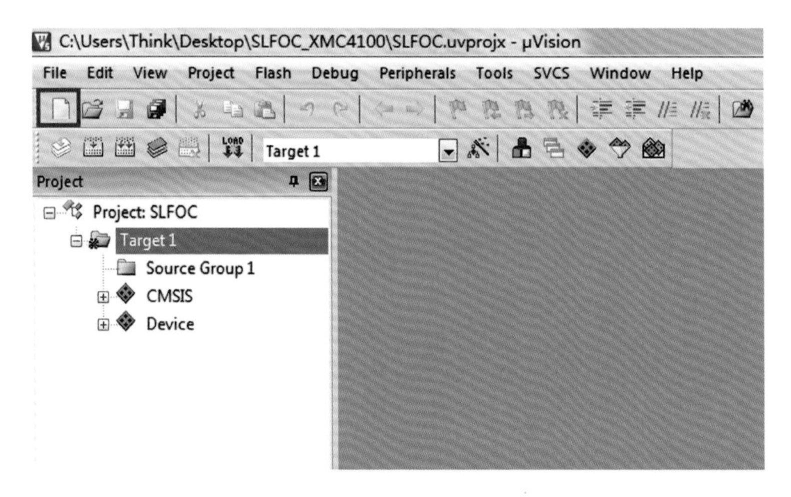

图 3.13

（6）点击“保存”按钮，将新建的空白文件“Text 1”保存为 main.c 文件，如图 3.14 所示。

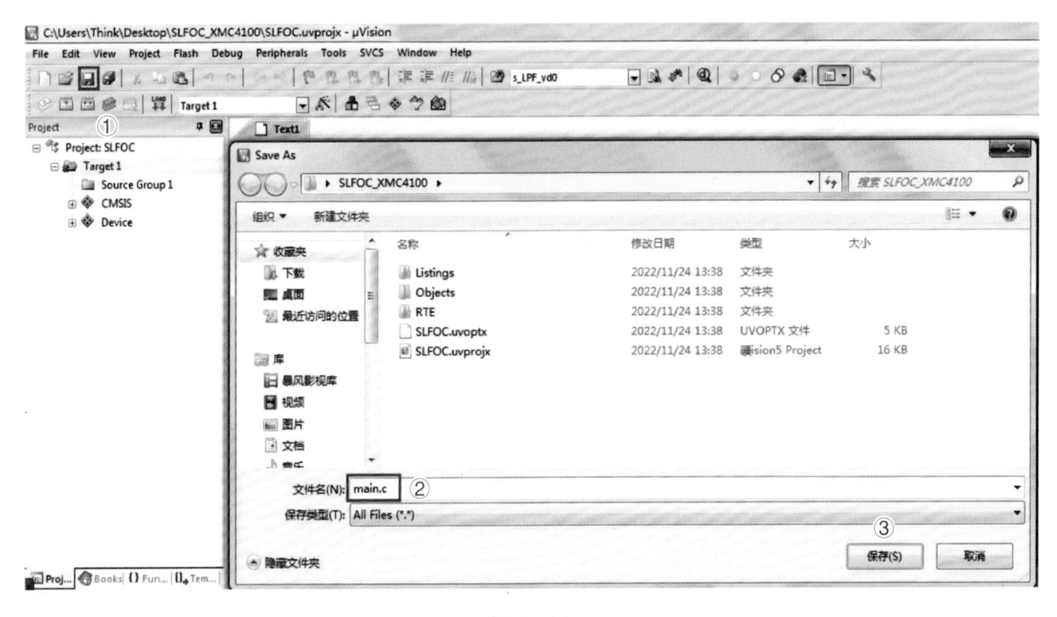

图 3.14

（7）右键单击“Source Group 1”，点击“Add Existing Files to Group ‘Source Group1’…”，将刚才保存的 main.c 文件添加到工程中，如图 3.15 和图 3.16 所示。

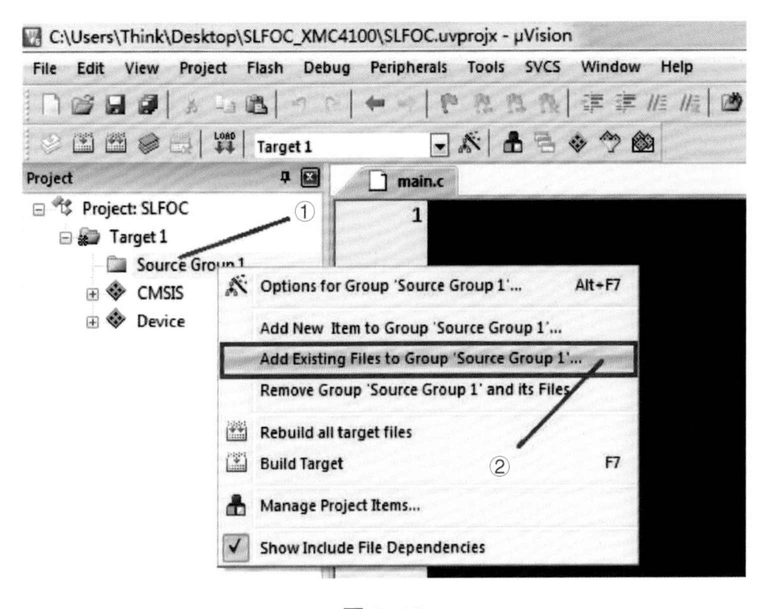

图 3.15

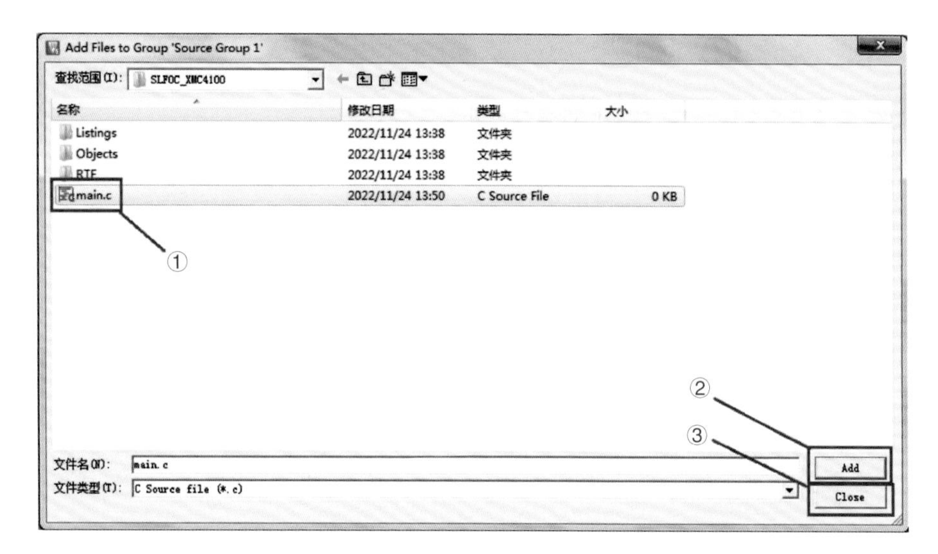

图 3.16

3.1.4　添加函数

接下来，向 main.c 中添加时钟初始化函数和 GPIO 初始化函数。英飞凌的库函数编程非常简单。为了理解后面的各种设定，建议读者到英飞凌官网下载 XMC4100 的“Data Sheet”和“Reference Manual”这两份 PDF 文件，如图 3.17 ~ 图 3.19 所示。

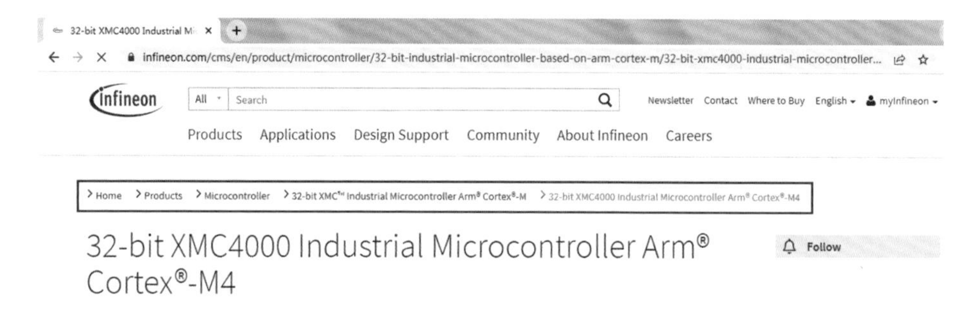

图 3.17

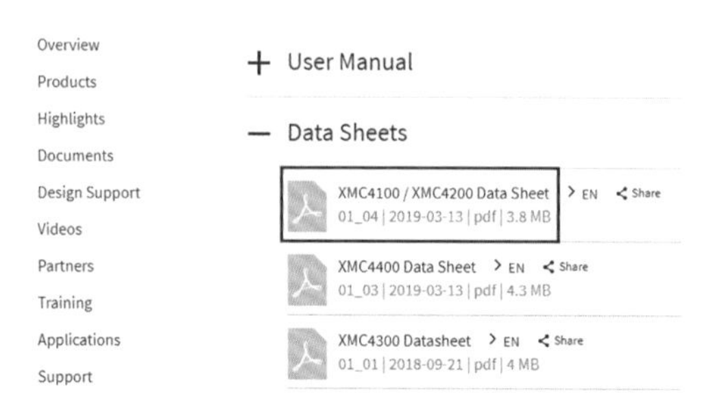

图 3.18

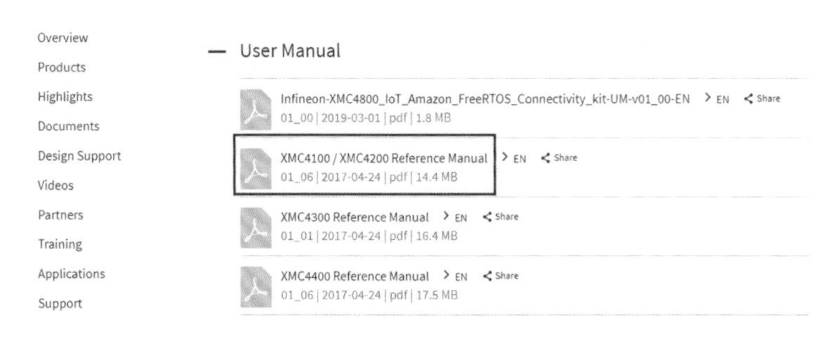

图 3.19

和以前的 8051、PIC 等相比，现在的单片机功能完全不可同日而语，说明手册动辄上千页，初学者也不太可能完全读懂后再用。比较好的办法是，找到厂商提供的单片机模块使用说明和配套例程，这样可以快速理解和应用。对于英飞凌单片机，将例程修修改改基本上就能得到自己想要的功能，非常方便。

有的厂商尽管提供自动代码初始化生成器，但简单的 LED 闪烁功能生成文件动辄几百兆，代码执行性能低效，加上漫长的代码编译时间，实属鸡肋。这样的例程很多，但真正能满足实际需求的却一个没有，而且还存在大量的底层 Bug，用起来毫无安全感。不少新晋工程师在单片机外设功能的配置上浪费了大部分时间，经常一个简单功能就花掉几天的时间，浪费了大量原本用于算法开发的时间。为什么不提供各种外设的常用功能示例库函数版本，乃至寄存器版本，将 USB 之类的复杂应用做成函数库，这样岂不更好？！

3.1.5 编写测试代码

下面，开始编写测试代码，让 LED 闪烁。

读者可以不按照截图中的代码编程，在英飞凌官网“Application Notes”中找对应外设的例程，这也很方便。如图 3.20 所示，下载 VADC 例程并解压。

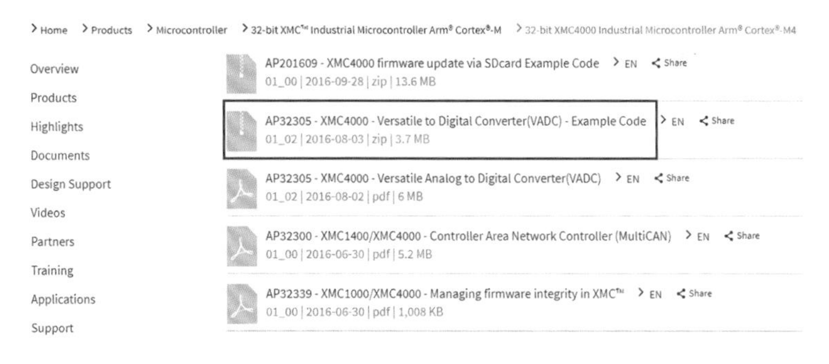

图 3.20

● 添加头文件

代码实现如图 3.21 所示。

第 9 ~ 10 行：调用 CMSIS DSP Software Library 的三角函数——其执行速度比 KEIL 内置三角函数快得多。

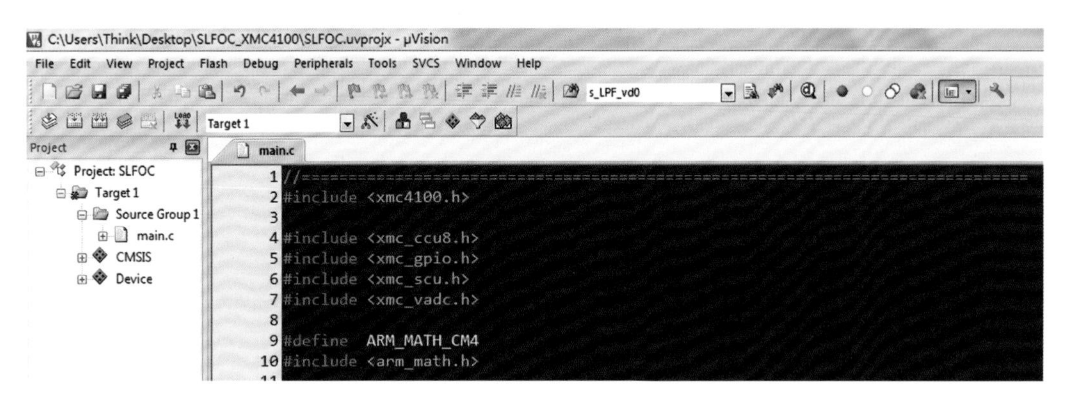

图 3.21

● 添加时钟初始化配置

代码实现如图 3.22 所示。

```
12 //==========================================================================
13 XMC_SCU_CLOCK_CONFIG_t clock_config =
14 {
15     .syspll_config.n_div = 20U,
16     .syspll_config.p_div = 1U,
17     .syspll_config.k_div = 4U,
18
19     .syspll_config.mode = XMC_SCU_CLOCK_SYSPLL_MODE_NORMAL,
20     .syspll_config.clksrc = XMC_SCU_CLOCK_SYSPLLCLKSRC_OSCHP,
21     .enable_oschp = true,
22
23     .enable_osculp = false,
24
25     .calibration_mode = XMC_SCU_CLOCK_FOFI_CALIBRATION_MODE_FACTORY,
26     .fstdby_clksrc = XMC_SCU_HIB_STDBYCLKSRC_OSI,
27     .fsys_clksrc = XMC_SCU_CLOCK_SYSCLKSRC_PLL,
28     .fsys_clkdiv = 1U,
29     .fcpu_clkdiv = 1U,
30     .fccu_clkdiv = 1U,
31     .fperipheral_clkdiv = 1U
32 };
```

图 3.22

本书配套的 XMC4100 最小系统板使用的是 16MHz 外接石英振荡器，可以根据用户手册（图 3.23）进行配置。

In Normal Mode, the PLL is running at the frequency f_{OSC} and f_{PLL} is divided down by a factor P, multiplied by a factor N and then divided down by a factor K2.

The output frequency is given by :

$$f_{PLL} = \frac{N}{P \cdot K_2} \cdot f_{OSC}$$

Table 11-6 PLL example configuration values

Target Frequency of f_{PLL} [MHz]	External Crystal Frequency [MHz]	P Parameter	N Parameter	Ke Parameter
80	8	1	40	4
	12	3	80	4
	16	1	20	4

图 3.23

配置好时钟参数之后，在 main 函数中添加初始化函数，如图 3.24 所示，即可让单片机时钟初始化。

```
50 //============================================================================
51 int main (void)
52 {
53     //----------------------------------------------------------
54     XMC_SCU_CLOCK_Init(&clock_config);
55 
```

图 3.24

● 调试引脚初始化

（1）如图 3.25 所示，先将引脚配置为推挽输出模式，然后让引脚输出低电平，再将引脚设为强驱动、边沿陡峭模式。

```
const XMC_GPIO_CONFIG_t  OUTPUT_strong_sharp_config =
{
    .mode               = XMC_GPIO_MODE_OUTPUT_PUSH_PULL,
    .output_level       = XMC_GPIO_OUTPUT_LEVEL_LOW,
    .output_strength    = XMC_GPIO_OUTPUT_STRENGTH_STRONG_SHARP_EDGE
 };
```

图 3.25

（2）如图 3.26 所示，在 main 函数中将 P1.2、P1.3 调试引脚初始化为指定状态。

```
//==========================================================================
int main (void)
{
    //------------------------------------------------------------
    XMC_SCU_CLOCK_Init(&clock_config);

    //------------------------------------------------------------
    XMC_GPIO_Init(P1_2, &OUTPUT_strong_sharp_config);
    XMC_GPIO_Init(P1_3, &OUTPUT_strong_sharp_config);

    //------------------------------------------------------------
```

图 3.26

可以看出，英飞凌的库函数编程相当方便。

● 为调试编写延时函数

为了以后调试方便，我们编写一个简单的软件延时——侧重于便利性，不考虑定时精度。

代码实现如图 3.27 所示。

第 1 个延时函数为 `delay_100_us()`，作用是延时 100μs；第 2 个延时函数以 1ms 为单位进行指定时长的延时。

```
//==========================================================================
void delay_100_us (void)
{
    uint16_t    m;
    for (m = 0; m < 1600; m++);
}
//==========================================================================
void delay_ms (uint16_t m)
{
    uint16_t    p, q;
    for (p = 0; p < m; p++)
    {
        for (q = 0; q < 10; q++)
        {
            delay_100_us ();
        }
    }
}
//==========================================================================
```

图 3.27

其中，`delay_100_us()` 函数的循环次数，根据示波器测得的调试引脚翻转时长确定，如图 3.28 所示。

```
    while (1)
    {
        XMC_GPIO_SetOutputHigh(XMC_GPIO_PORT1, 2);
        delay_100_us ();

        XMC_GPIO_SetOutputLow(XMC_GPIO_PORT1, 2);
        delay_100_us ();
    }
}
```

图 3.28

● 编　译

代码输入完毕后，可以点击“build”按钮进行编译，结果必须是 0 错误、0 警告，如图 3.29 所示。以后可以写完程序即编译，这样比较节省时间。记得在 main.c 文件的第 78 行末尾敲一下回车键，这样编译后就不会出现“last line of file ends without a newline”的警告。

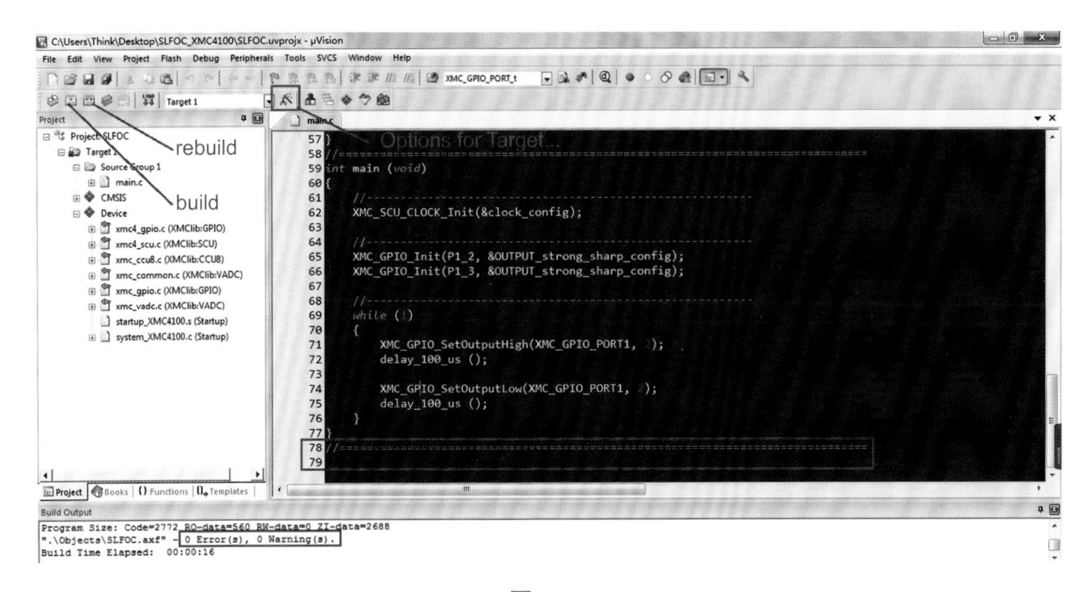

图 3.29

3.1.6 开发环境设置

（1）点击图 3.29 中的“Options for Target…”按钮，弹出“Options for Target ‘Target 1’”对话框，如图 3.30 所示。请在“Target”选项卡中选择“Single Precision”，即使用单精度浮点硬件计算。

（2）选择“Debug”选项卡，如图 3.31 所示。第 1 步，选择硬件仿真。第 2 步，选择调试器，这里选择 J-Link 调试器。第 3 步，点击“Settings”，进行进一步设置。

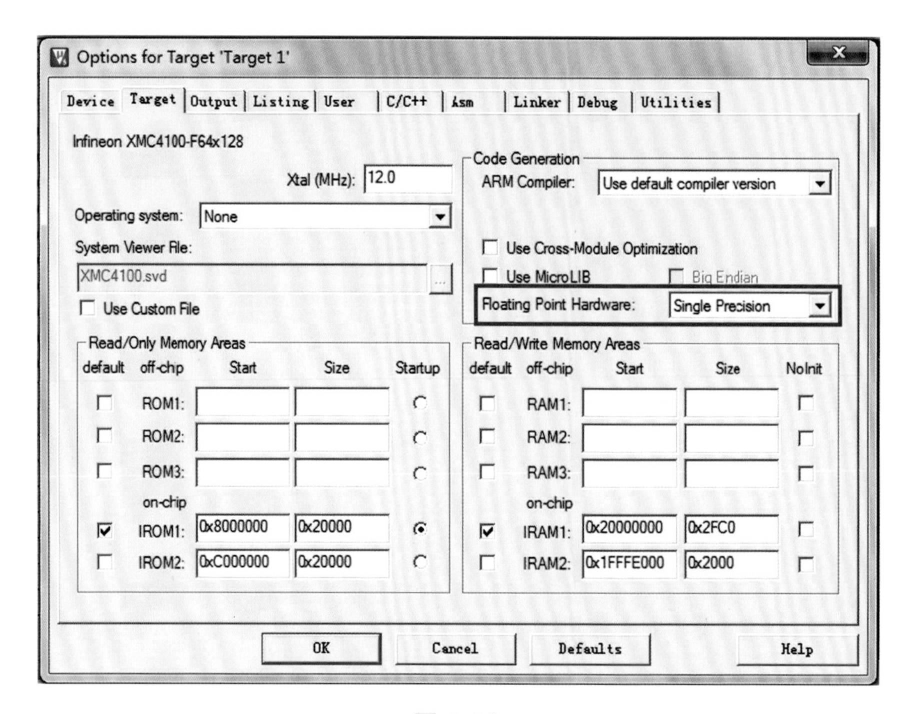

图 3.30

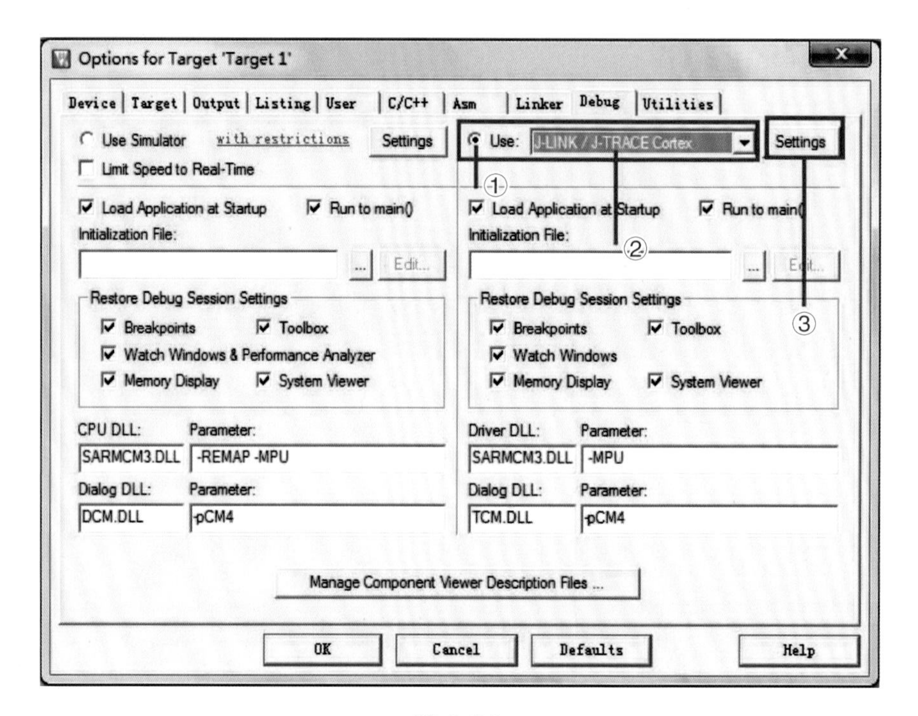

图 3.31

在点击“Settings”之前，XMC4100最小系统板要单独使用，通过4条线连接J-Link的SWCLK、SWDIO、VCC（+3.3V）、GND，如图3.32和图3.33所示。

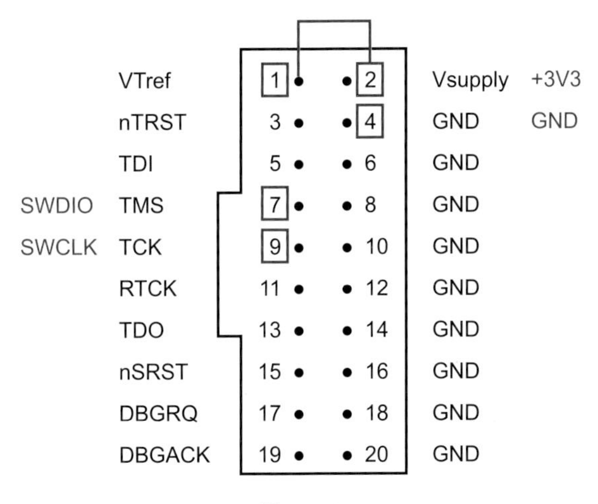

图 3.32

图 3.33

注意：笔者对 J-Link V9 做了硬件上的修改'在内部将第 1 脚和第 2 脚短接，并使用 J-Link 命令将输出电压调整成了 +3.3V，这样用起来更方便。读者可以在网上搜索具体方法，这里从略。

（3）点击“Setting”按钮后，在弹出的“Setup”窗口中选择“SW”，如图 3.34 所示。如果连接正常，“SW Device”中就会出现芯片信息。然后，勾选“Download Options”下的 2 个选项，点击“OK”按钮。

（4）点击“Utilities”选项卡，如图 3.35 所示。先取消勾选“Use debug Driver”，接着选择 J-Link 调试器，最后点击“Settings”按钮。

弹出的“Download Function”窗口如图 3.36 所示，务必要勾选“Reset and Run”！

（5）最后，点击“确定”按钮，完成调试和下载的全部设置。

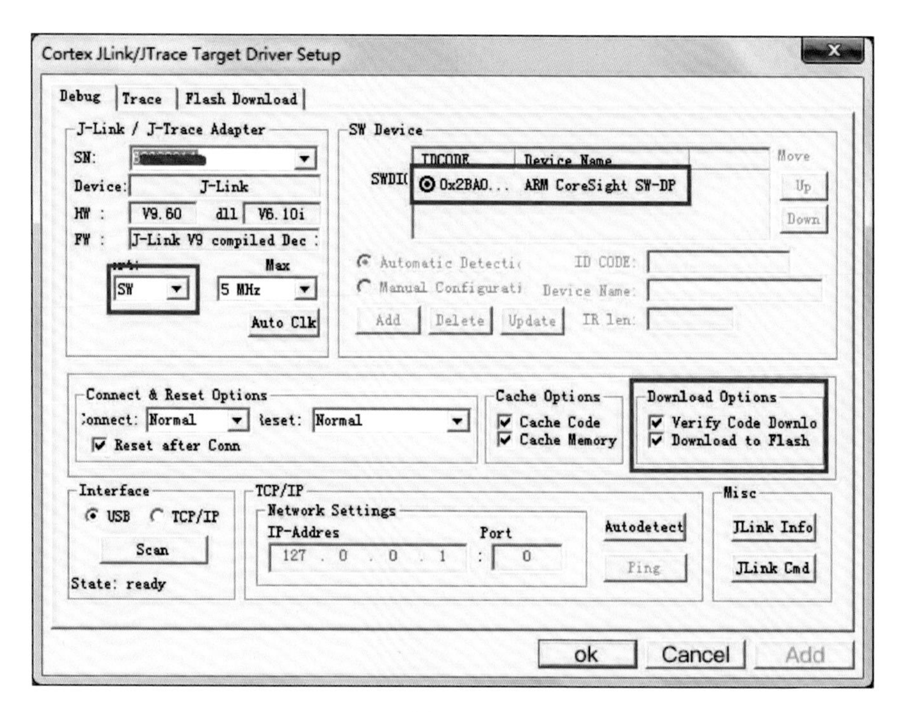
Cortex JLink/JTrace Target Driver Setup
Debug
Trace
Flash Download
J-Link / J-Trace Adapter
SN:
Device:
J-Link
HW :
V9.60
dll
V6.10i
FW :
J-Link V9 compiled Dec
Max
SW
5 MHz
Auto Clk
SW Device
SWDI(
IDCODE
Device Name
0x2BA0...
ARM CoreSight SW-DP
Move
Up
Down
Automatic Detecti
ID CODE:
Manual Configurati
Device Name:
Add
Delete
Update
IR len:
Connect & Reset Options
Connect:
Normal
Reset:
Normal
Reset after Conn
Cache Options
Cache Code
Cache Memory
Download Options
Verify Code Downlo
Download to Flash
Interface
USB
TCP/IP
Scan
State: ready
TCP/IP
Network Settings
IP-Addres
Port
127 . 0 . 0 . 1
0
Autodetect
Ping
Misc
JLink Info
JLink Cmd
ok
Cancel
Add

图 3.34

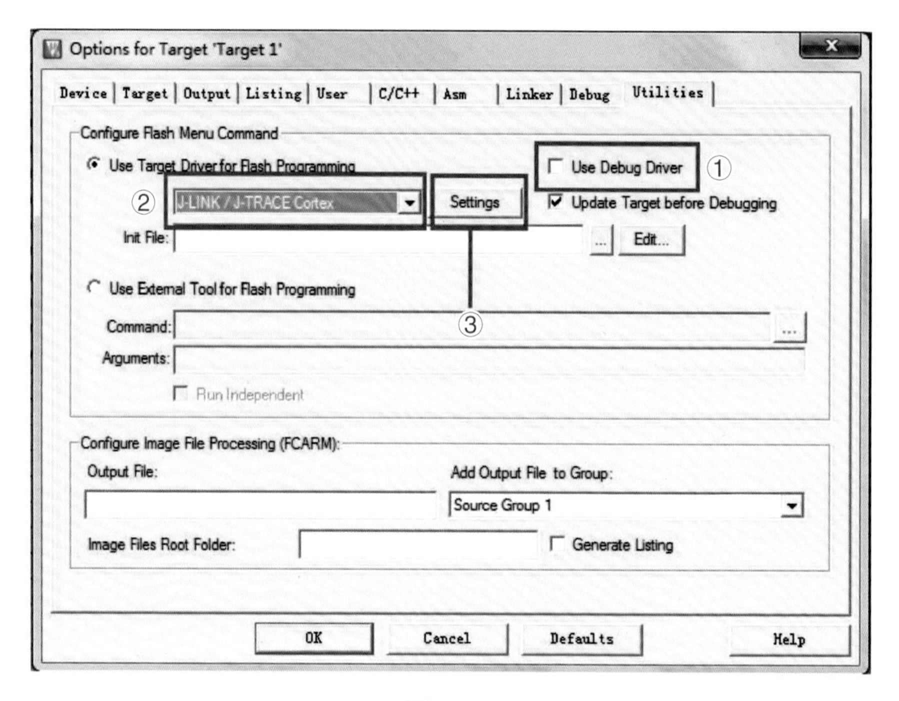
Options for Target 'Target 1'
Device
Target
Output
Listing
User
C/C++
Asm
Linker
Debug
Utilities
Configure Flash Menu Command
Use Target Driver for Flash Programming
Use Debug Driver
①
②
J-LINK / J-TRACE Cortex
Settings
Update Target before Debugging
Init File:
Edit...
Use External Tool for Flash Programming
③
Command:
Arguments:
Run Independent
Configure Image File Processing (FCARM):
Output File:
Add Output File to Group:
Source Group 1
Image Files Root Folder:
Generate Listing
OK
Cancel
Defaults
Help

图 3.35

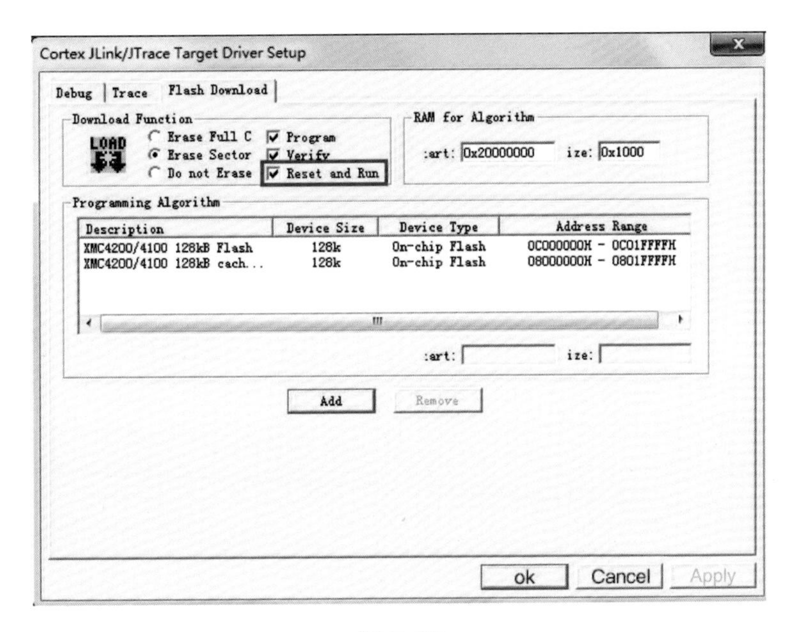

图 3.36

3.1.7 下载程序到XMC4100中

回到 KEIL 主页面，点击“下载”按钮，如图 3.37 所示。这样，程序就会通过 J-Link 下载到 XMC4100 中，单片机复位并开始运行。

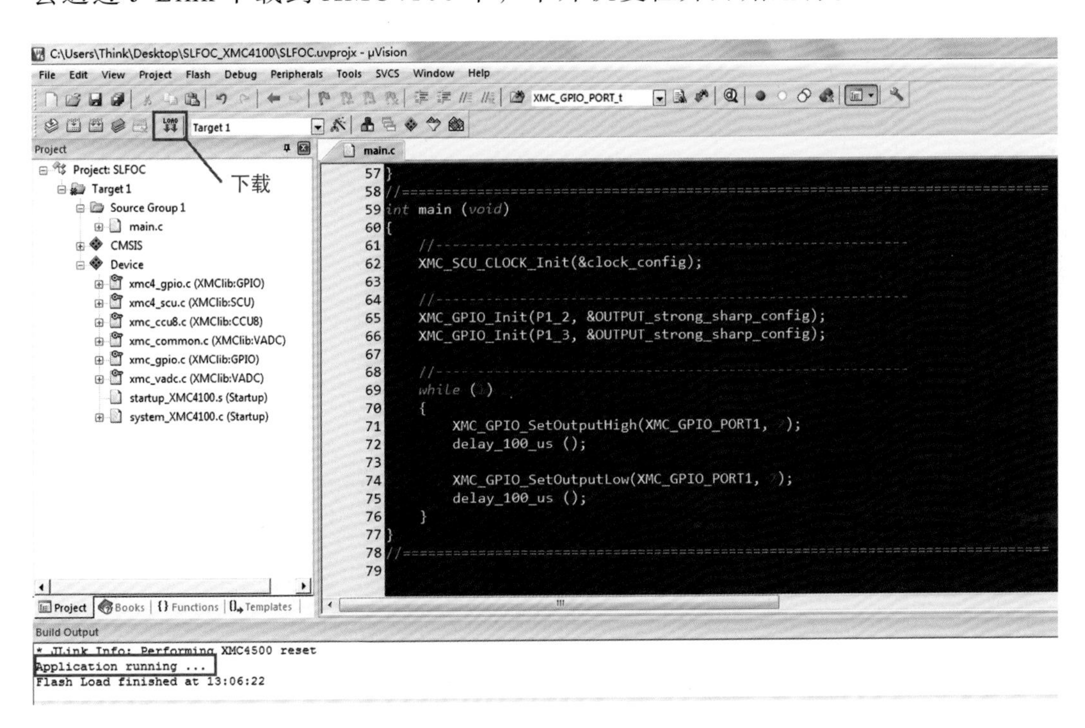

图 3.37

这时，使用示波器光标测得P1.2引脚的反转时间为101μs，符合要求。接着，用同样方法测试`delay_ms()`函数。这些延时函数仅用于调试，不必调节到分秒不差。示波器自动测量结果如图3.38所示，高电平脉宽为100.20μs。

同样，测试P1.3引脚，这样才能确认P1.2、P1.3引脚工作正常。

至此，确认KEIL开发环境和J-Link调试器、XMC4100最小系统板基本正常。

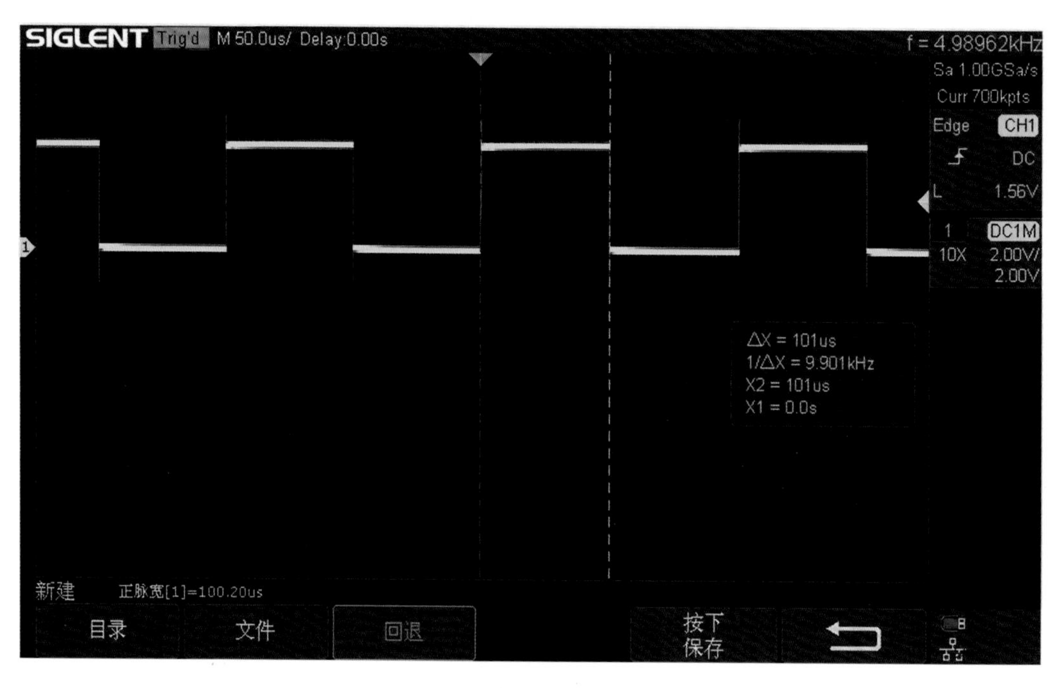

图3.38

3.2 J-Scope软件的使用

我们固然可以使用KEIL开发环境的调试（Debug）功能来观察动态的变量数值，但电机控制还需要观察连续的变量波形。现在有了J-Link配套的免费虚拟示波器J-Scope，实时观察变量的波形很方便。

3.2.1 软件配置

笔者使用的是J-Scope V6.11m版本。下载并安装完成之后，在主程序main.c所在目录（这里是SLFOC_XMC4100文件夹）下新建一个名为“RTT”

的文件夹，将J-Scope安装路径下图3.39所示的3个文件复制到“RTT”文件夹，如图 3.40 所示。

图 3.39

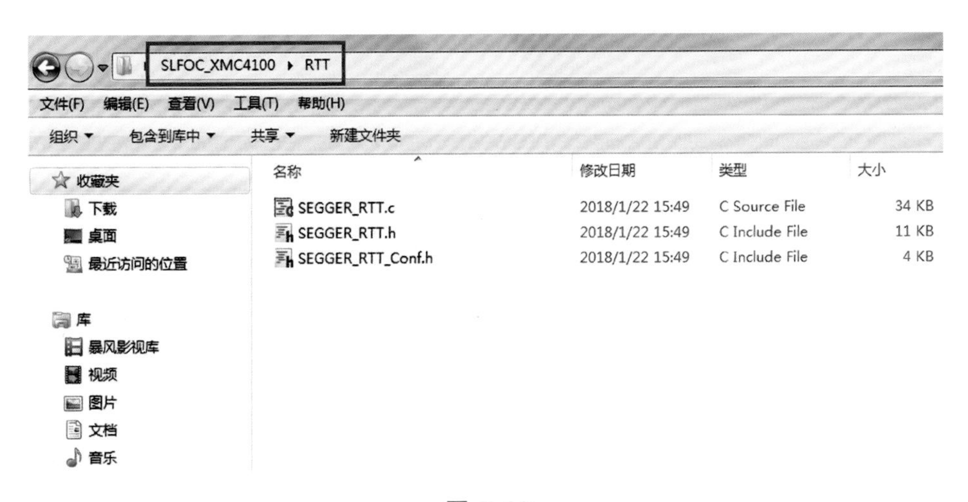

图 3.40

接下来需要做两件事，一是将 3 个文件添加到工程中，二是在 main.c 中添加相关语句。

（1）点击“Manage Project Item”按钮，出现图 3.41 所示窗口。新建一个“Group”并命名为“RTT”，点击“Add Files…”按钮添加 3 个文件之后，就可以看到我们选择的添加文件了。

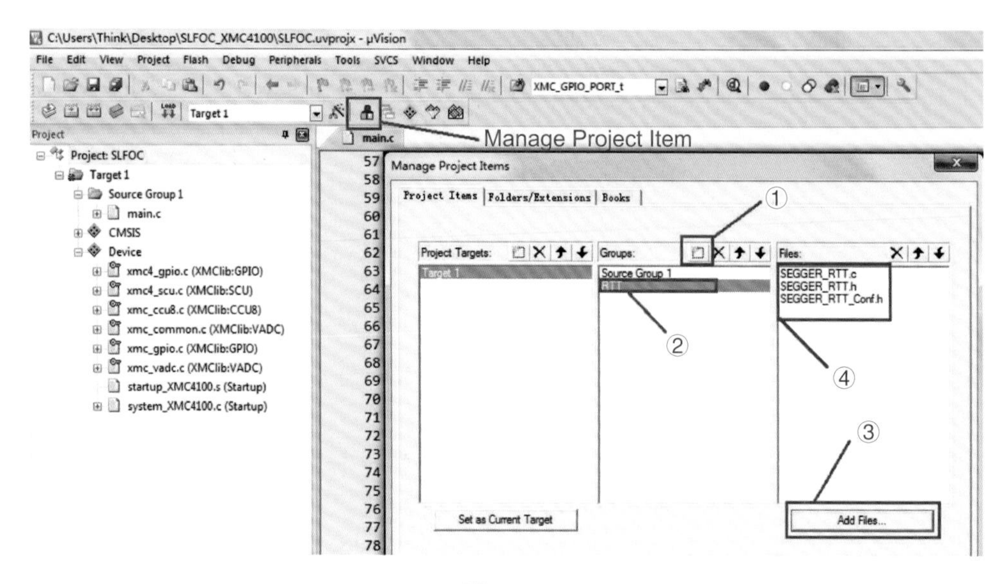

图 3.41

（2）点击“OK”按钮后，工程结构如图 3.42 所示。

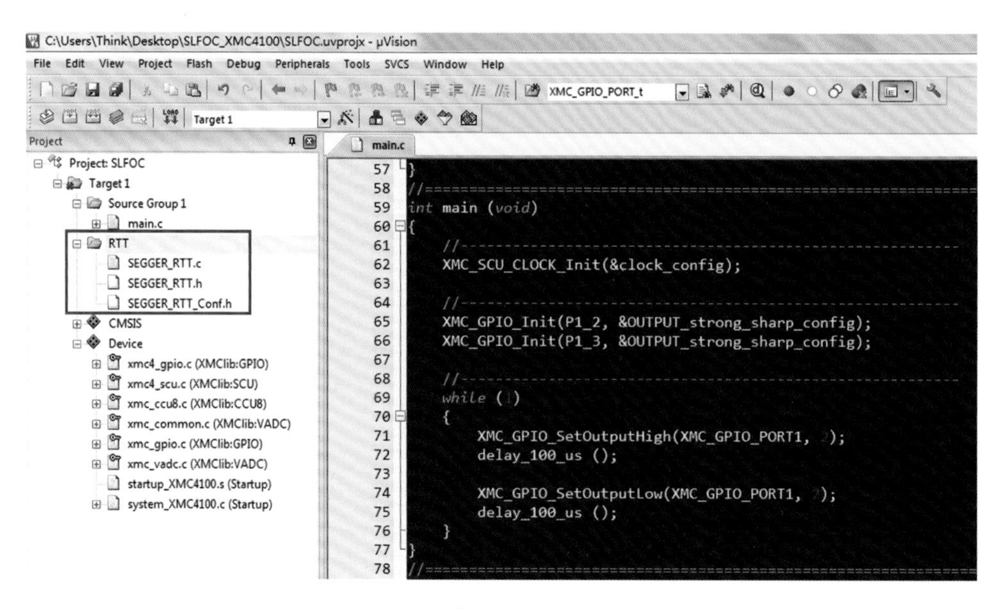

图 3.42

（3）如图 3.43 所示，在程序中添加相关的代码段。

其中，var1 ~ var4 是 4 个有符号 16 位变量，var5 ~ var8 是 4 个单精度浮点变量。注意，第 13 行前面出现了红叉，这是头文件路径设置问题导致的，可以按图 3.44 所示方法重新设置。

另外，数组 rtt_buf1[] 的大小要根据单片机 RAM 的大小合理设置。

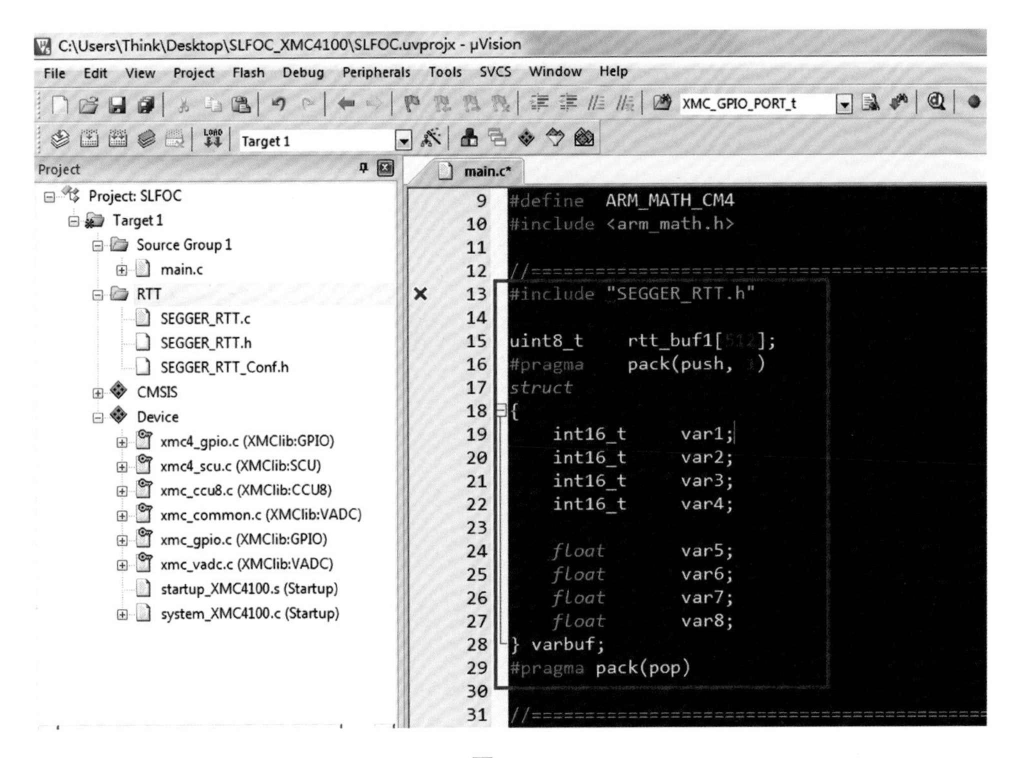

图 3.43

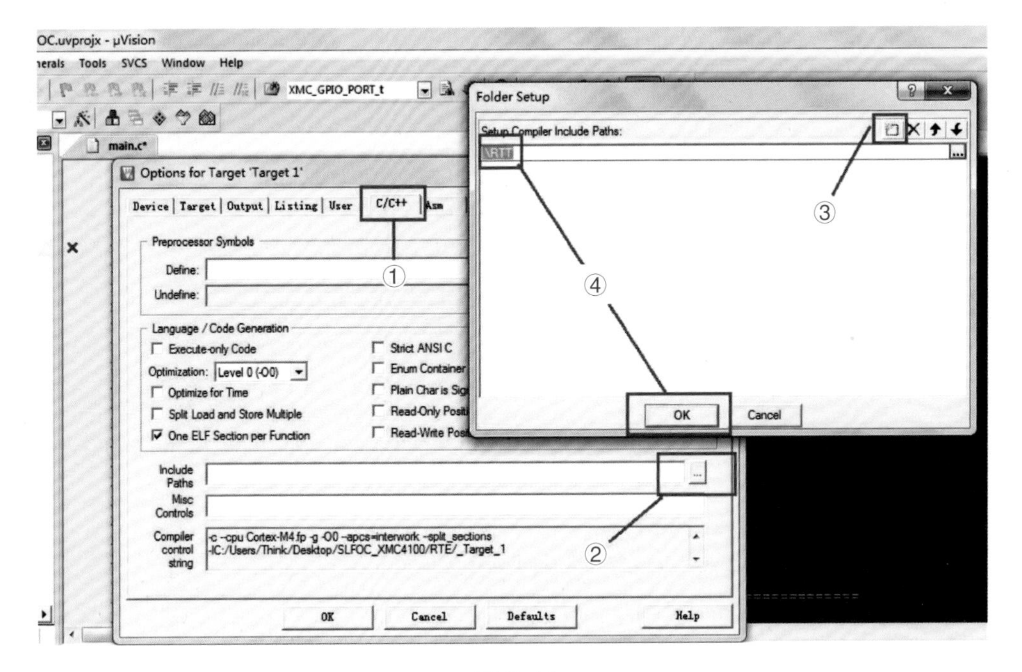

图 3.44

（4）如图 3.45 所示，继续添加代码。

```
77  //==========================================================================
78  int main (void)
79  {
80      //--------------------------------------------------------
81      XMC_SCU_CLOCK_Init(&clock_config);
82
83      //--------------------------------------------------------
84      SEGGER_RTT_ConfigUpBuffer (1, "JScope_i2i2i2i2f4f4f4f4", rtt_buf1,
85                 sizeof(rtt_buf1), SEGGER_RTT_MODE_NO_BLOCK_SKIP);
86
87      //--------------------------------------------------------
88      XMC_GPIO_Init(P1_2, &OUTPUT_strong_sharp_config);
89      XMC_GPIO_Init(P1_3, &OUTPUT_strong_sharp_config);
90
91      //--------------------------------------------------------
```

图 3.45

其中，i2 表示有符号数，2 个字节，即前述 int16_t var1 ~ var4；f4 表示单精度浮点数，4 个字节，也就是前述 float var5 ~ var8。

（5）删除 main.c 文件 while 循环中的原有测试代码，添加新的 RTT 显示变量，如图 3.46 所示。

```
90
91      //--------------------------------------------------------
92      while (1)
93      {
94          //--------------------------------------------------------
95          delay_ms (1);
96
97          //--------------------------------------------------------
98          varbuf.var1 = 0;
99          varbuf.var2 = 0;
100         varbuf.var3 = 0;
101         varbuf.var4 = 0;
102         varbuf.var5 = 0;
103         varbuf.var6 = 0;
104         varbuf.var7 = 0;
105         varbuf.var8 = 0;
106
107         SEGGER_RTT_Write (1, &varbuf, sizeof(varbuf));
108         //--------------------------------------------------------
109     }
110 }
111 //==========================================================================
```

图 3.46

注意，上图红框中的代码需要定时执行，将变量由单片机上传到电脑端 J-Scope 软件以显示波形。出于测试上的考虑，这里安排 while 循环每 1ms 执行一次。在后面的无感 FOC 程序中，我们将其放到每 50μs 执行一次的中断中，实现实时显示效果。

3.2.2 测试效果

为了验证 J-Scope 的实际效果，我们编写一个简单的测试程序。var1 ~ var4 用来显示不同的锯齿波，var5 ~ var7 用来模拟三相正弦波（相位差为 120°），var8 用来显示三相正弦之和（正常为 0）。

（1）按图 3.47 添加代码。

```
main.c
17 struct
18 {
19     int16_t     var1;
20     int16_t     var2;
21     int16_t     var3;
22     int16_t     var4;
23
24     float       var5;
25     float       var6;
26     float       var7;
27     float       var8;
28 } varbuf;
29 #pragma pack(pop)
30 //==========================================================================
31 int16_t     a, b, c, d;
32 float       a_f, b_f, c_f, d_f;
33 float       t;
34
35 //==========================================================================
```

图 3.47

（2）如图 3.48 所示，进行测试变量计算。

```
95      //------------------------------------------------------------
96      while (1)
97      {
98          //--------------------------------------------------------
99          delay_ms (1);
100
101         //--------------------------------------------------------
102         if (a++ >= 100)
103         {
104             a = 0;
105         }
106
107         if (b++ >= 200)
108         {
109             b = 0;
110         }
111
112         if (c++ >= 300)
113         {
114             c = 0;
115         }
116
117         if (d++ >= 400)
118         {
119             d = 0;
120         }
121
122         //--------------------------------------------------------
```

图 3.48

```
123         t += 0.03f;
124 
125         if ( t >= (2.0f * 3.1415926f) )
126         {
127             t = 0;
128         }
129 
130         a_f = arm_sin_f32(t);
131         b_f = arm_sin_f32(t - 2.0f * 3.1415926f / 3.0f);
132         c_f = arm_sin_f32(t + 2.0f * 3.1415926f / 3.0f);
133         d_f = a_f + b_f + c_f;
134         //-------------------------------------------------------------
135         varbuf.var1 = a;
136         varbuf.var2 = b;
137         varbuf.var3 = c;
138         varbuf.var4 = d;
139         varbuf.var5 = a_f;
140         varbuf.var6 = b_f;
141         varbuf.var7 = c_f;
142         varbuf.var8 = d_f;
143 
144         SEGGER_RTT_Write (1, &varbuf, sizeof(varbuf));
145         //-------------------------------------------------------------
```

续图 3.48

（3）代码添加完毕，经编译后将程序下载到单片机中。

接下来是 J-Scope 软件的相关设置。

（4）打开 J-Scope 软件，选择“Create new project”，点击“OK”按钮即新建一个 J-Scope 工程，如图 3.49 所示。

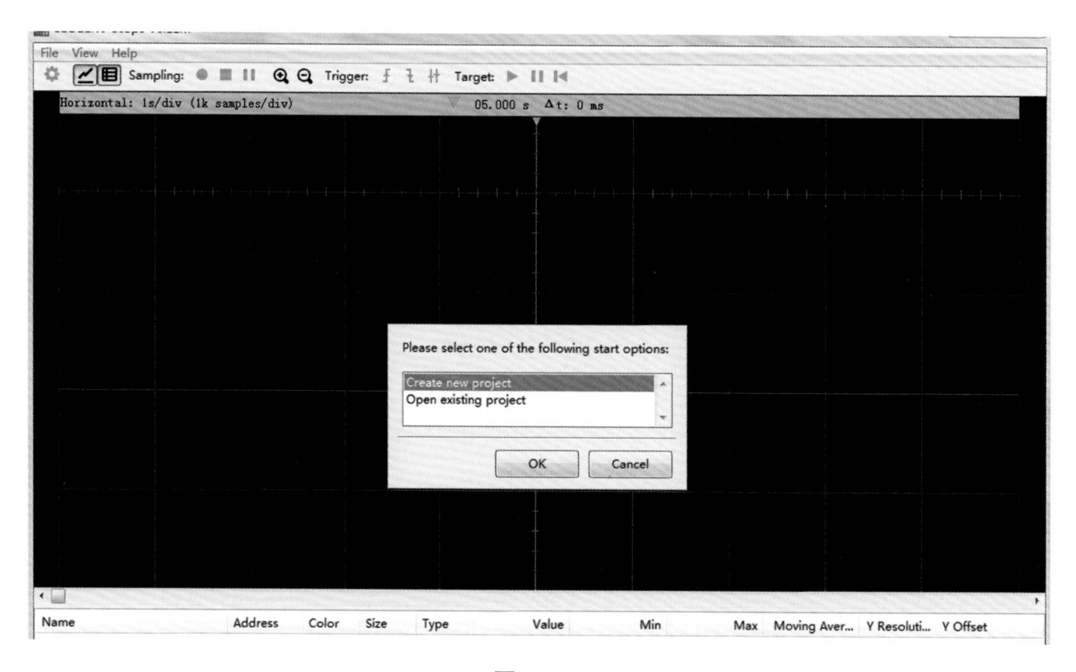

图 3.49

（5）弹出的“J-Scope Configuration”窗口如图 3.50 所示，选择

"XMC4100-128"，然后在"Objects"目录下找到"SLFOC.axf"文件，再选择"RTT(synchronous)"，最后点击"OK"按钮。

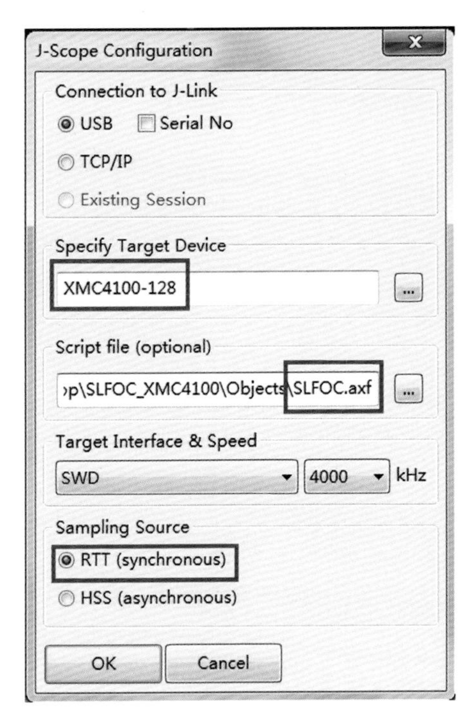

图 3.50

（6）弹出的窗口如图 3.51 所示。点击红色的数据采集按钮，然后点击 Start 按钮，数据波形开始出现在显示区。操作工具栏上的按钮可以进行波形的放大、缩小、上下左右移动，以及游标测量（图 3.52）。另外，类似于示波器的电平触发功能也很实用。

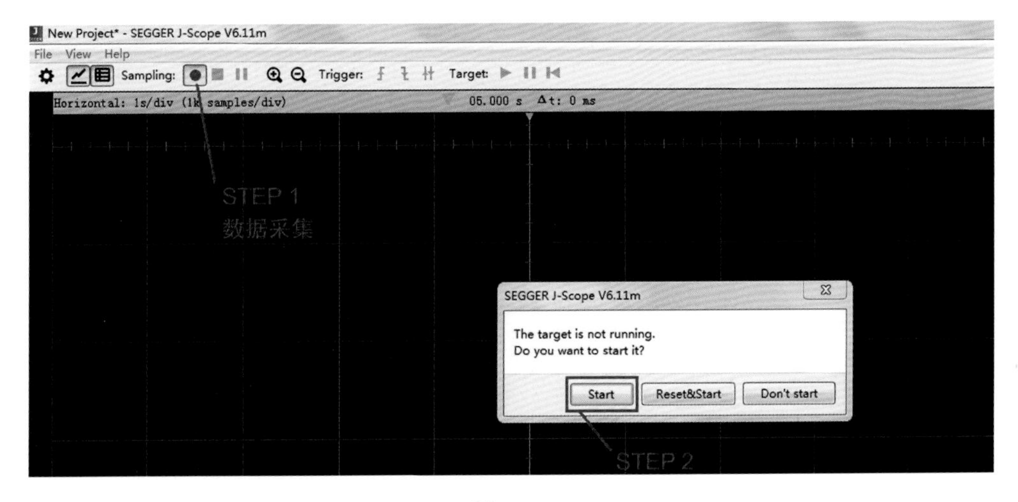

图 3.51

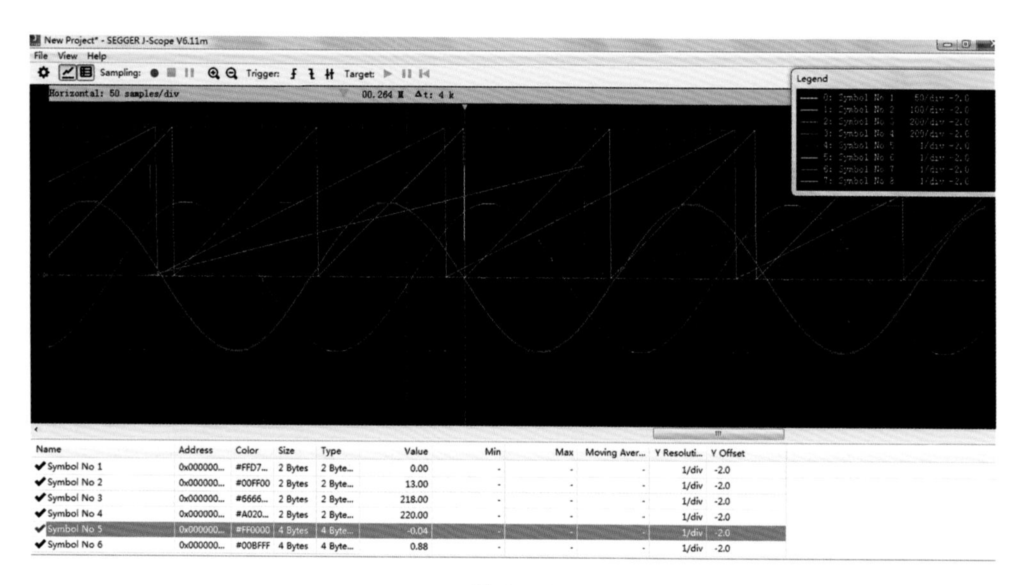

图 3.52

（7）最后，保存工程，如图 3.53 所示。

图 3.53

3.3　各功能模块的编程及测试

3.3.1　PWM波形生成

生成三相带死区互补 PWM 波形，并在高边 PWM 低电平脉宽中点时刻产生中断。这个中断是为读者理解 ADC 采样时机而准备的，实际的无感 FOC 并不需要。

一般来说，工业用无刷电机的电感量比较大，采用 16kHz、20kHz 的 PWM 频率就够了。航模用无刷电机的电感量非常小，往往只有几十微亨，这就需要更高的 PWM 频率，让电流更平滑、纹波更小。对应的，对单片机性能的要求更高，开关损耗更大。本书为了方便理解，结合典型应用的情况，选定 20kHz 的 PWM 频率，死区时间为 0.5μs。

电机特性对无感 FOC 位置估计算法的影响巨大。在相关论文中，绝大多数控制对象是工业用高压无刷电机，其电感值通常在毫亨级，稍微转动一下就能产生较大的反电动势，位置估计相对容易。例如，按 VESC 参考文献的说法，可以实现最低转速 10r/min 的无感 FOC。而实际上，航模用无刷电机的电感值一般在 20μH 左右，即使采用同样的控制算法，也很难企及 10r/min 的最低转速。根据经验，转速低于 60r/min 时，无感 FOC 位置估计效果就不尽人意了。另外，航模电机的极对数一般为 7，而工业电机一般为 4 对极，电气转速的差别也相当大。

不同 MOSFET 驱动 IC 的输入逻辑不同，本书遵循初学者的理解习惯，采用正逻辑，即高电平导通、低电平截止。英飞凌 XMC4100 的 CCU8 单元可用来生成所需的波形，配置代码如图 3.54 所示，具体说明可参考用户手册。当然，最快的方式是结合典型例程并参考用户手册，掌握使用方法，以免换个单片机就不知所措。

```
31  #define MODULE_PTR              CCU80
32  #define MODULE_NUMBER           (0U)
33
34  #define SLICE0_PTR              CCU80_CC80
35  #define SLICE0_NUMBER           (0U)
36  #define SLICE0_OUTPUT00         P0_5
37  #define SLICE0_OUTPUT01         P0_2
38
39  #define SLICE1_PTR              CCU80_CC81
40  #define SLICE1_NUMBER           (1U)
41  #define SLICE1_OUTPUT10         P0_4
42  #define SLICE1_OUTPUT11         P0_1
43
44  #define SLICE2_PTR              CCU80_CC82
45  #define SLICE2_NUMBER           (2U)
46  #define SLICE2_OUTPUT20         P0_3
47  #define SLICE2_OUTPUT21         P0_0
48
49  #define SLICE3_PTR              CCU80_CC83
50  #define SLICE3_NUMBER           (3U)
```

图 3.54

● 计算PWM信号及死区的计数值

根据 XMC4100 用户手册的说明（图 3.55），计算生成 20kHz PWM 信号及其死区的计数值（图 3.56）。

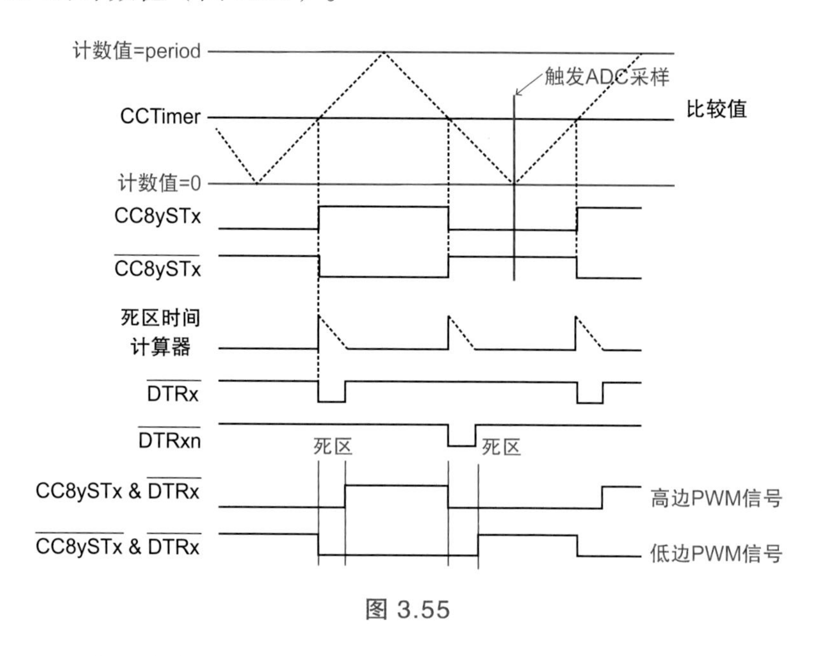

图 3.55

```
52  uint16_t    pwm_period = 1999;
53
54  uint16_t    pwm_duty_a = 1000;
55  uint16_t    pwm_duty_b = 1000;
56  uint16_t    pwm_duty_c = 1000;
```

图 3.56

（1）参照图 3.57，PWM 信号所用的时基是 80MHz，我们需要的 PWM 频率是 20kHz，周期为 50μs，故有：

```
Period_cnt=50μs/12.5ns/2-1=1999
pwm_period =1999
```

In Center Aligned Mode, the timer period is:

$$T_{per} = (\text{<Period - Value>} + 1)\times 2;\ \text{in}\ f_{tclk}$$

图 3.57

（2）参照图 3.58，PWM 占空比预设在 50%，取 1000 即可。

In Edge Aligned and Center Aligned Mode, the PWM duty cycle is:

DC = 1 - <Cinoare - Vakye>/(<Period - Value> + 1)

图 3.58

所以，PWM 初始值 pwm_a、pwm_b、pwm_c 都设为 1000。

注意：占空比计算公式中的比较值和占空比值负相关，比较值较小时，占空比值较大。

（3）死区计算值 $T_{死区} = 0.5\mu s / 12.5ns = 40$。

最终，代码如图 3.59 所示。

```
114 XMC_CCU8_SLICE_COMPARE_CONFIG_t  SLICE_config     =
115 {
116     .timer_mode             = (uint32_t)XMC_CCU8_SLICE_TIMER_COUNT_MODE_CA,
117     .monoshot               = (uint32_t)XMC_CCU8_SLICE_TIMER_REPEAT_MODE_REPEAT,
118     .shadow_xfer_clear      = 0U,
119     .dither_timer_period    = 0U,
120     .dither_duty_cycle      = 0U,
121
122     .prescaler_mode         = (uint32_t)XMC_CCU8_SLICE_PRESCALER_MODE_NORMAL,
123
124     .mcm_ch1_enable         = 0U,
125     .mcm_ch2_enable         = 0U,
126
127     .slice_status           = (uint32_t)XMC_CCU8_SLICE_STATUS_CHANNEL_1,
128
129     .passive_level_out0     = (uint32_t)XMC_CCU8_SLICE_OUTPUT_PASSIVE_LEVEL_LOW,
130     .passive_level_out1     = (uint32_t)XMC_CCU8_SLICE_OUTPUT_PASSIVE_LEVEL_LOW,
131
132     .asymmetric_pwm         = 0U,
133
134     .invert_out0            = 0U,
135     .invert_out1            = 1U,
136     .invert_out2            = 0U,
137     .invert_out3            = 1U,
138
139     .prescaler_initval      = 0U,
140     .float_limit            = 0U,
141     .dither_limit           = 0U,
142     .timer_concatenation    = 0U,
143 };
144 //==========================================================================
145 XMC_CCU8_SLICE_EVENT_CONFIG_t SLICE_event0_config =
146 {
147     .mapped_input          = XMC_CCU8_SLICE_INPUT_H,
148     .edge                  = XMC_CCU8_SLICE_EVENT_EDGE_SENSITIVITY_RISING_EDGE,
149     .level                 = XMC_CCU8_SLICE_EVENT_LEVEL_SENSITIVITY_ACTIVE_LOW,
150     .duration              = XMC_CCU8_SLICE_EVENT_FILTER_DISABLED,
151 };
152 //==========================================================================
153 XMC_CCU8_SLICE_DEAD_TIME_CONFIG_t  SLICE_dt_config =
154 {
155     .enable_dead_time_channel1         = 1U,
156     .channel1_st_path                  = 1U,
157     .channel1_inv_st_path              = 1U,
158     .div                               = (uint32_t)XMC_CCU8_SLICE_DTC_DIV_1,
159     .channel1_st_rising_edge_counter   = 40U,        // 500ns
160     .channel1_st_falling_edge_counter  = 40U,        // 500ns
161 };
162 //=========================================================================
163 XMC_GPIO_CONFIG_t  CCU8_strong_soft_config =
164 {
165     .mode                 = XMC_GPIO_MODE_OUTPUT_PUSH_PULL_ALT3,
166     .output_level         = XMC_GPIO_OUTPUT_LEVEL_LOW,
167     .output_strength      = XMC_GPIO_OUTPUT_STRENGTH_STRONG_SOFT_EDGE
168 };
169 //=========================================================================
170 XMC_GPIO_CONFIG_t  CCU8_strong_sharp_config =
171 {
172     .mode                 = XMC_GPIO_MODE_OUTPUT_PUSH_PULL_ALT3,
173     .output_level         = XMC_GPIO_OUTPUT_LEVEL_LOW,
```

图 3.59

```
174     .output_strength      = XMC_GPIO_OUTPUT_STRENGTH_STRONG_SHARP_EDGE
175 };
176 //=============================================================================
177 void CCU80_init (void)
178 {
179     /* Enable clock, enable prescaler block and configure global control */
180     XMC_CCU8_Init(MODULE_PTR, XMC_CCU8_SLICE_MCMS_ACTION_TRANSFER_PR_CR);
181 
182     /* Start the prescaler and restore clocks to slices */
183     XMC_CCU8_StartPrescaler(MODULE_PTR);
184 
185     /* Start of CCU8 configurations */
186     /* Ensure fCCU reaches CCU80 */
187     XMC_CCU8_SetModuleClock(MODULE_PTR, XMC_CCU8_CLOCK_SCU);
188 
189     /* Configure CCU8x_CC8y slice as timer */
190     XMC_CCU8_SLICE_CompareInit(SLICE0_PTR, &SLICE_config);
191     XMC_CCU8_SLICE_CompareInit(SLICE1_PTR, &SLICE_config);
192     XMC_CCU8_SLICE_CompareInit(SLICE2_PTR, &SLICE_config);
193     XMC_CCU8_SLICE_CompareInit(SLICE3_PTR, &SLICE_config);
194     /* Set period match value of the timer  */
195     XMC_CCU8_SLICE_SetTimerPeriodMatch(SLICE0_PTR, pwm_period);
196     XMC_CCU8_SLICE_SetTimerPeriodMatch(SLICE1_PTR, pwm_period);
197     XMC_CCU8_SLICE_SetTimerPeriodMatch(SLICE2_PTR, pwm_period);
198     XMC_CCU8_SLICE_SetTimerPeriodMatch(SLICE3_PTR, pwm_period);
199 
200     /* Set timer compare match value for channel 1 - (80%, 60%, 30%) Duty cycle */
201     XMC_CCU8_SLICE_SetTimerCompareMatch(SLICE0_PTR, XMC_CCU8_SLICE_COMPARE_CHANNEL_1, pwm_duty_a);
202     XMC_CCU8_SLICE_SetTimerCompareMatch(SLICE1_PTR, XMC_CCU8_SLICE_COMPARE_CHANNEL_1, pwm_duty_b);
203     XMC_CCU8_SLICE_SetTimerCompareMatch(SLICE2_PTR, XMC_CCU8_SLICE_COMPARE_CHANNEL_1, pwm_duty_c);
204     XMC_CCU8_SLICE_SetTimerCompareMatch(SLICE3_PTR, XMC_CCU8_SLICE_COMPARE_CHANNEL_1, 1);
205 
206     /* Transfer value from shadow timer registers to actual timer registers */
207     XMC_CCU8_EnableShadowTransfer(MODULE_PTR, XMC_CCU8_SHADOW_TRANSFER_SLICE_0);
208     XMC_CCU8_EnableShadowTransfer(MODULE_PTR, XMC_CCU8_SHADOW_TRANSFER_SLICE_1);
209     XMC_CCU8_EnableShadowTransfer(MODULE_PTR, XMC_CCU8_SHADOW_TRANSFER_SLICE_2);
210     XMC_CCU8_EnableShadowTransfer(MODULE_PTR, XMC_CCU8_SHADOW_TRANSFER_SLICE_3);
211     /* Configure events */
212     XMC_CCU8_SLICE_ConfigureEvent(SLICE0_PTR, XMC_CCU8_SLICE_EVENT_0, &SLICE_event0_config);
213     XMC_CCU8_SLICE_ConfigureEvent(SLICE1_PTR, XMC_CCU8_SLICE_EVENT_0, &SLICE_event0_config);
214     XMC_CCU8_SLICE_ConfigureEvent(SLICE2_PTR, XMC_CCU8_SLICE_EVENT_0, &SLICE_event0_config);
215     XMC_CCU8_SLICE_ConfigureEvent(SLICE3_PTR, XMC_CCU8_SLICE_EVENT_0, &SLICE_event0_config);
216 
217     XMC_CCU8_SLICE_StartConfig(SLICE0_PTR, XMC_CCU8_SLICE_EVENT_0, XMC_CCU8_SLICE_START_MODE_TIMER_START_CLEAR);
218     XMC_CCU8_SLICE_StartConfig(SLICE1_PTR, XMC_CCU8_SLICE_EVENT_0, XMC_CCU8_SLICE_START_MODE_TIMER_START_CLEAR);
219     XMC_CCU8_SLICE_StartConfig(SLICE2_PTR, XMC_CCU8_SLICE_EVENT_0, XMC_CCU8_SLICE_START_MODE_TIMER_START_CLEAR);
220     XMC_CCU8_SLICE_StartConfig(SLICE3_PTR, XMC_CCU8_SLICE_EVENT_0, XMC_CCU8_SLICE_START_MODE_TIMER_START_CLEAR);
221 
222     XMC_CCU8_SLICE_EnableEvent(SLICE3_PTR, XMC_CCU8_SLICE_IRQ_ID_ONE_MATCH);
223     //-----------------------------------------------------------------
224     XMC_CCU8_SLICE_EnableEvent(CCU80_CC83, XMC_CCU8_SLICE_IRQ_ID_COMPARE_MATCH_UP_CH_1);
225 
226     XMC_CCU8_SLICE_SetInterruptNode(CCU80_CC83, XMC_CCU8_SLICE_IRQ_ID_COMPARE_MATCH_UP_CH_1, XMC_CCU8_SLICE_SR_ID_2);
227     /* Connect one match event to SR1 */
228     XMC_CCU8_SLICE_SetInterruptNode(SLICE3_PTR, \
229     XMC_CCU8_SLICE_IRQ_ID_ONE_MATCH, XMC_CCU8_SLICE_SR_ID_0);
231     /* Set NVIC priority */
232     NVIC_SetPriority(CCU80_0_IRQn, 60U);
233 
234     /* Enable IRQ */
235     NVIC_EnableIRQ(CCU80_0_IRQn);
236 
237     /* Deadtime initialisation*/
238     XMC_CCU8_SLICE_DeadTimeInit(SLICE0_PTR, &SLICE_dt_config);
239     XMC_CCU8_SLICE_DeadTimeInit(SLICE1_PTR, &SLICE_dt_config);
240     XMC_CCU8_SLICE_DeadTimeInit(SLICE2_PTR, &SLICE_dt_config);
241     XMC_CCU8_SLICE_DeadTimeInit(SLICE3_PTR, &SLICE_dt_config);
242 
243     /* Get the slice out of idle mode */
244     XMC_CCU8_EnableClock(MODULE_PTR, SLICE0_NUMBER);
245     XMC_CCU8_EnableClock(MODULE_PTR, SLICE1_NUMBER);
246     XMC_CCU8_EnableClock(MODULE_PTR, SLICE2_NUMBER);
247     XMC_CCU8_EnableClock(MODULE_PTR, SLICE3_NUMBER);
248 
249     /* Start the PWM on a rising edge on SCU.GSC80 */
250     XMC_SCU_SetCcuTriggerHigh(XMC_SCU_CCU_TRIGGER_CCU80);
251     //-----------------------------------------------------------------
252     XMC_GPIO_Init(P0_5, &CCU8_strong_sharp_config);
253     XMC_GPIO_Init(P0_4, &CCU8_strong_sharp_config);
254     XMC_GPIO_Init(P0_3, &CCU8_strong_sharp_config);
255     XMC_GPIO_Init(P0_2, &CCU8_strong_sharp_config);
256     XMC_GPIO_Init(P0_1, &CCU8_strong_soft_config);
257     XMC_GPIO_Init(P0_0, &CCU8_strong_soft_config);
258     //-----------------------------------------------------------------
259 }
```

续图 3.59

● 添加CCU8中断处理函数

如图 3.60 所示。__NOP() 函数是消耗时间的空指令，其作用是让高电平脉宽更容易在示波器上显示出来。注意，“NOP”前是 2 个下划线。

```
58  void CCU80_0_IRQHandler (void)
59  {
60      XMC_GPIO_SetOutputHigh(XMC_GPIO_PORT1, 2);
61      __NOP(); __NOP(); __NOP(); __NOP(); __NOP();
62      __NOP(); __NOP(); __NOP(); __NOP(); __NOP();
63      __NOP(); __NOP(); __NOP(); __NOP(); __NOP();
64      __NOP(); __NOP(); __NOP(); __NOP(); __NOP();
65      XMC_GPIO_SetOutputLow(XMC_GPIO_PORT1, 2);
66  }
```

图 3.60

● 观测波形

将程序编译并下载后，用示波器观测 P0.5（AH）、P0.4（AL）引脚的互补 PWM 波形，确认频率为 20kHz、周期为 50μs、死区为 0.5μs，而且 AL 引脚低边PWM信号高电平脉宽中点有CCU8产生的中断指示，如图3.61所示。其余两相皆如此。

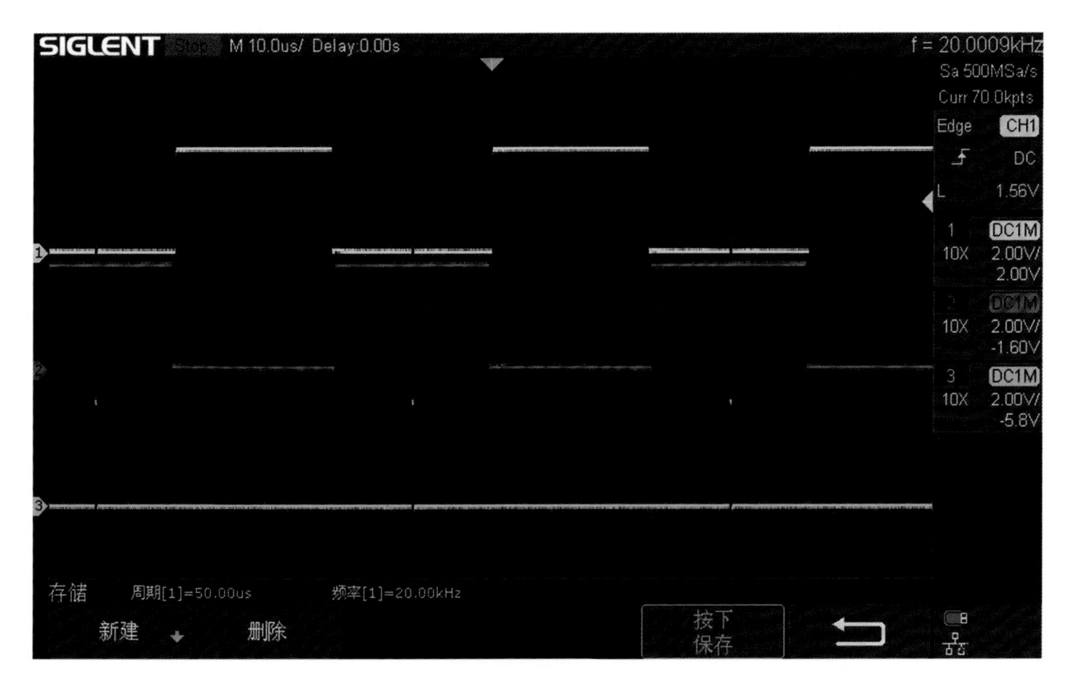

图 3.61

如图 3.62 所示，从 CH1（黄色）波形显示的高边 PWM 上升沿，到 CH2（紫色）波形显示的低边 PWM 下降沿，光标测量的死区大小为 0.50μs。

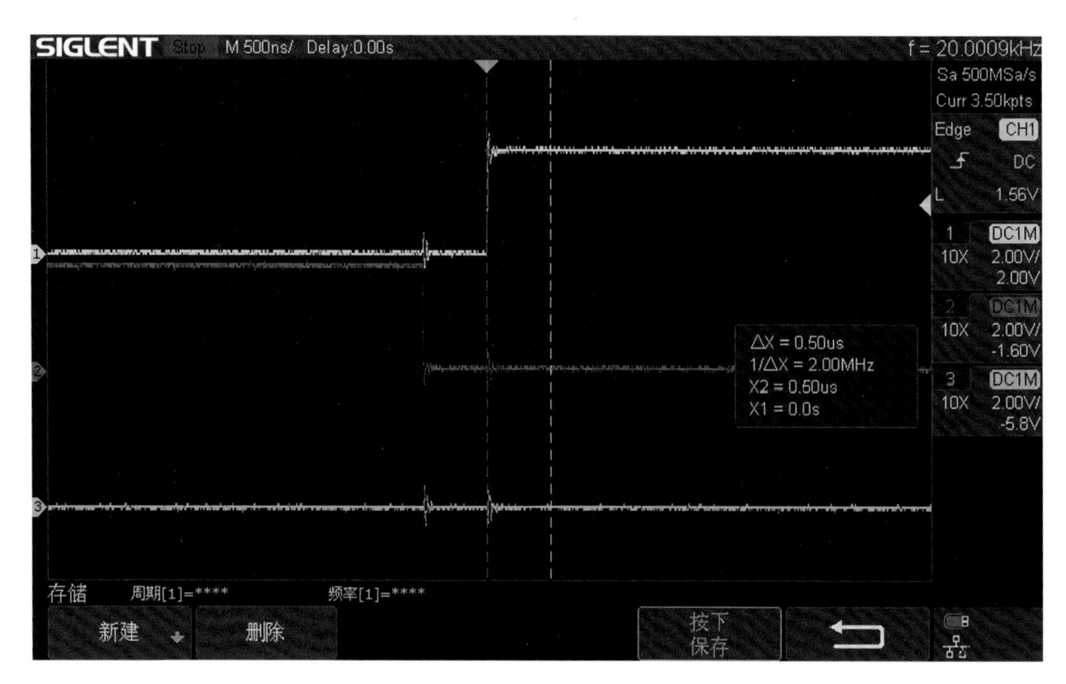

图 3.62

如图 3.63 所示，从 CH1（黄色）波形显示高边 PWM 下降沿，到 CH2（紫色）波形显示的低边 PWM 上升沿，光标测量的死区大小为 0.50μs。

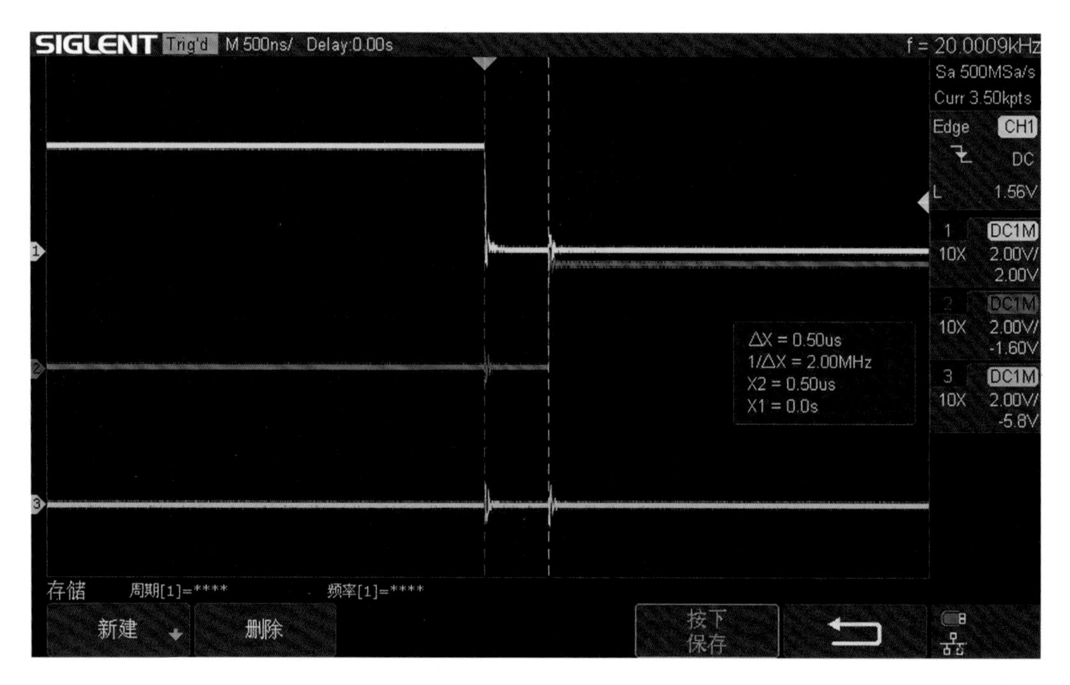

图 3.63

3.3.2 多通道ADC采样（CCU8同步触发）

双电阻或三电阻低边电流采样，需要在采样相低边 MOSFET 导通期间的中点时刻触发 ADC 采样。注意，采样时机并不是采样相高边 MOSFET 导通期间的中点时刻！因为实际上采样的是对应相的续流电流。

如图 3.64(a) 所示，当 A 相高边 MOSFET 和 B 相低边 MOSFET 导通时，电流 i_a 由 +VBAT 经 A 相高边 MOSFET、L、R、B 相低边 MOSFET、采样电阻 R_{sb} 到电源地。电机绕组等效为 L、R 的串联。

如图 3.64(b) 所示，当高边 A 相高边 MOSFET 关闭，A 相低边 MOSFET 和 B 相低边 MOSFET 导通时，电机电流因为绕组电感的作用仍维持原方向流动，电流就会从电源地经 R_{sa}、A 相低边 MOSFET、L、R、B 相低边 MOSFET、采样电阻 R_{sb} 回到电源地。采样电阻 R_{sa} 上的压降 $V_s = -i_a \times R_{sa}$。请注意，i_a 前是负号，因为电流是从电源地经采样电阻流向 A 相低边 MOSFET 的，后面进行电流采样计算时要特别注意。

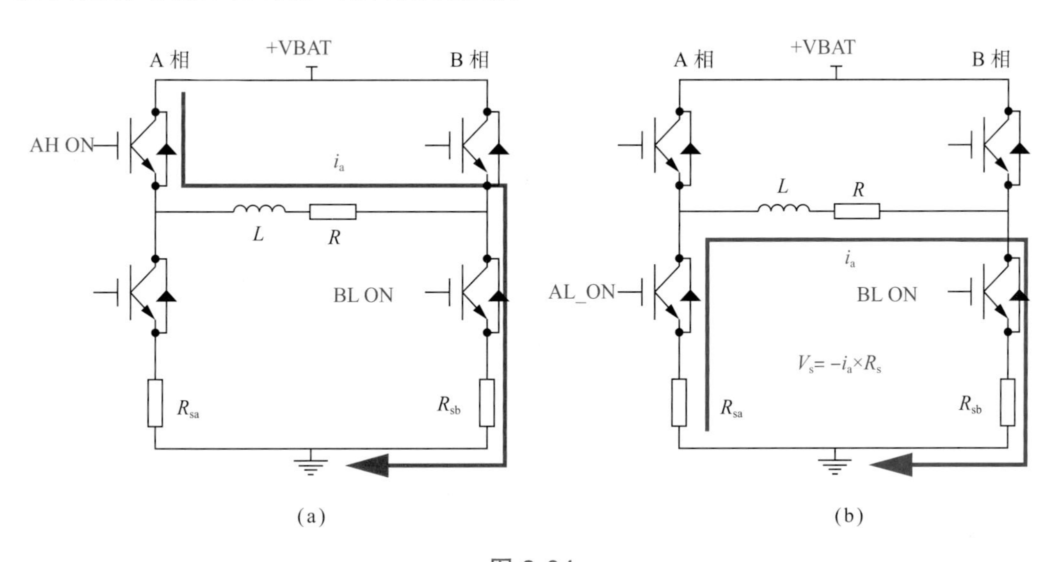

图 3.64

如图 3.65 所示，PWM_AH、PWM_BH、PWM_CH 分别表示 A、B、C 三相的半桥高边 PWM 信号，对应的互补信号分别为 PWM_AL、PWM_BL、PWM_CL（图中未显示）。由图可见，在 PWM_AH 低电平脉宽中点时刻，也就是 PWM_AL 高电平脉宽中点时刻，CCU83 触发 ADC 采样，依次转换三相的相电流和电位器电压。

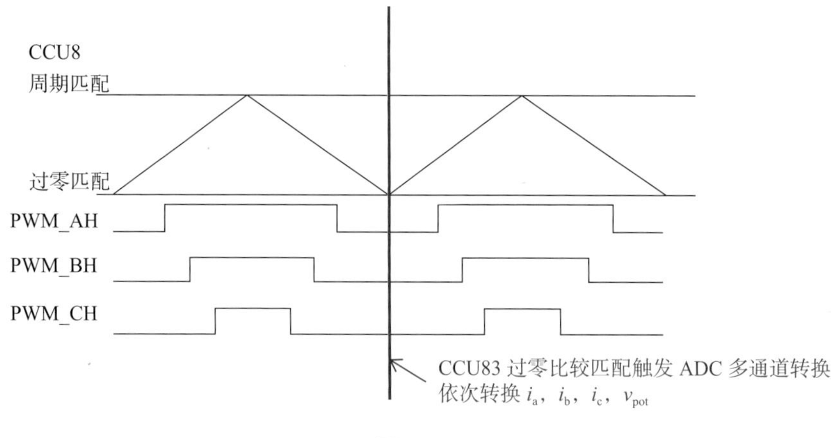

图 3.65

对于只有一个 ADC 模块的单片机，只能依次转换各个通道；对于有 2 个或更多 ADC 模块的单片机，可以同时触发几个 ADC 模块同步进行采样。当然，有的单片机具有 2 个甚至 4 个采样 - 保持电路，可以同时触发几个采样 - 保持电路同时采集多个通道的电压，然后由一个 ADC 模块逐一转换。同步触发采样的信号是最好的。

XMC4100 具有 2 个 12 位 ADC，为了方便理解，本书只用一个 ADC，依次转换多个通道。

XMC4100 的 ADC 有 3 种工作模式：

· 扫描请求源（scan request source）

· 队列请求源（queue request source）

· 后台扫描请求源（backgroun scan request source）

本书采用队列请求源，这种工作模式的特点是可以灵活决定扫描通道顺序，方便单片机引脚的布线和软件调整。

● 声明变量

（1）如图 3.66 所示，用 4 个变量分别用来保存三相的相电流和电位器的电压转换值。

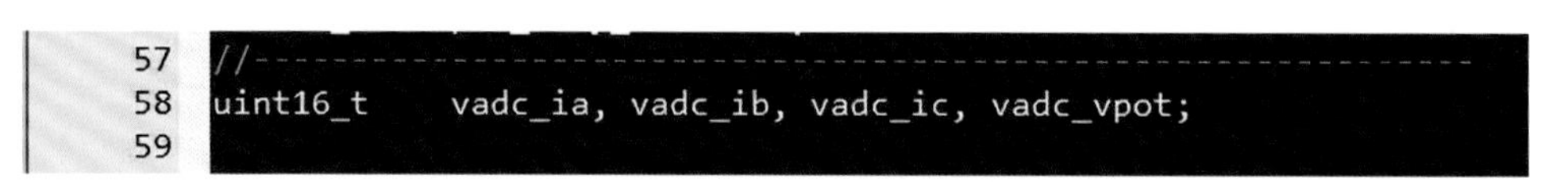

```
57 //---------------------------------------------------------
58 uint16_t    vadc_ia, vadc_ib, vadc_ic, vadc_vpot;
59
```

图 3.66

（2）如图 3.67 所示。

第 279 行：设定 ADC 转换时钟的分频值。

第 285 行：选择触发 ADC 转换的信号来源，这里是来自 CCU83 的触发信号。

第 294 行、第 300 行、第 306 行、第 312 行：分别设置各 ADC 转换通道的结果保存寄存器。可见，以前令人头疼的 ARM 核 ADC 配置，用库函数的方式实现非常简单、直接。

```
275 const XMC_VADC_GLOBAL_CONFIG_t g_global_handle =
276 {
277     .clock_config =
278     {
279         .analog_clock_divider = 3,
280     },
281 };
282
283 const XMC_VADC_SCAN_CONFIG_t g_scan_handle =
284 {
285     .trigger_signal = XMC_VADC_REQ_TR_I,
286     .trigger_edge = XMC_VADC_TRIGGER_EDGE_ANY,
287     .external_trigger = 1,
288     .req_src_interrupt = 1,
289 };
290
291 const XMC_VADC_CHANNEL_CONFIG_t g_g0_ch0_handle =
292 {
293     .alias_channel = XMC_VADC_CHANNEL_ALIAS_DISABLED,
294     .result_reg_number = 0,    I_A
295 };
296
297 const XMC_VADC_CHANNEL_CONFIG_t g_g0_ch3_handle =
298 {
299     .alias_channel = XMC_VADC_CHANNEL_ALIAS_DISABLED,
300     .result_reg_number = 3,    I_B
301 };
302
303 const XMC_VADC_CHANNEL_CONFIG_t g_g0_ch4_handle =
304 {
305     .alias channel = XMC VADC_CHANNEL_ALIAS_DISABLED,
306     .result_reg_number = 4,    I_C
307 };
308
309 const XMC_VADC_CHANNEL_CONFIG_t g_g0_ch6_handle =
310 {
311     .alias_channel = XMC_VADC_CHANNEL_ALIAS_DISABLED,
312     .result_reg_number = 6,    VPOT
313 };
314
315 void ADC_init (void)
316 {
317     /* Provide clock to VADC and initialize the VADC global registers. */
318     XMC_VADC_GLOBAL_Init(VADC, &g_global_handle);
319
320     /* Set VADC group to normal operation mode (VADC kernel). */
321     XMC_VADC_GROUP_SetPowerMode(VADC_G0, XMC_VADC_GROUP_POWERMODE_NORMAL);
322
323     /* Calibrate the VADC. Make sure you do this after all used VADC groups
324      * are set to normal operation mode. */
```

图 3.67

```
325     XMC_VADC_GLOBAL_StartupCalibration(VADC);
326 
327     /* Initialize the scan source hardware.  The gating mode is set to
328      * ignore to pass external triggers unconditionally. */
329     XMC_VADC_GROUP_ScanInit(VADC_G0, &g_scan_handle);
330 
331     /* Initialize the channel units. */
332     XMC_VADC_GROUP_ChannelInit(VADC_G0, 0, &g_g0_ch0_handle);
333     XMC_VADC_GROUP_ChannelInit(VADC_G0, 3, &g_g0_ch3_handle);
334     XMC_VADC_GROUP_ChannelInit(VADC_G0, 4, &g_g0_ch4_handle);
335     XMC_VADC_GROUP_ChannelInit(VADC_G0, 6, &g_g0_ch6_handle);
336     /* Add channels to the scan source. */
337     XMC_VADC_GROUP_ScanAddChannelToSequence(VADC_G0, 0);
338     XMC_VADC_GROUP_ScanAddChannelToSequence(VADC_G0, 3);
339     XMC_VADC_GROUP_ScanAddChannelToSequence(VADC_G0, 4);
340     XMC_VADC_GROUP_ScanAddChannelToSequence(VADC_G0, 6);
341 }
```

续图 3.67

（3）配置好 ADC 相关设置参数后，通过 `ADC_init()` 函数进行初始化，如图 3.68 所示。

第 360 行：添加 ADC 初始化函数。

第 361 行：使能 ADC 中断。

```
343 int main (void)
344 {
345     //----------------------------------------------------------------
346     XMC_SCU_CLOCK_Init(&clock_config);
347 
348     //----------------------------------------------------------------
349     SEGGER_RTT_ConfigUpBuffer (1, "JScope_i2i2i2i2f4f4f4f4", rtt_buf1,
350                 sizeof(rtt_buf1), SEGGER_RTT_MODE_NO_BLOCK_SKIP);
351 
352     //----------------------------------------------------------------
353     XMC_GPIO_Init(P1_2, &OUTPUT_strong_sharp_config);
354     XMC_GPIO_Init(P1_3, &OUTPUT_strong_sharp_config);
355 
356     //----------------------------------------------------------------
357     CCU80_init ();
358 
359     //----------------------------------------------------------------
360     ADC_init ();
361     NVIC_EnableIRQ(VADC0_G0_0_IRQn);
362 
363     //----------------------------------------------------------------
364     while (1)
365     {
366 
367     }
368 }
```

图 3.68

● ADC转换过程

（1）如图 3.69 所示，为了方便初学者理解 CCU83 触发 ADC 转换的过程，第 64 行设定 P1.3 引脚为高电平，指示 ADC 转换的开始。第 74 行设定

P1.3 引脚为低电平，指示 ADC 转换的结束。实际工程未使用第 61 ~ 70 行的 CCU8 中断函数。第 76 ~ 79 行在 ADC 转换结束中断中读取各通道的转换值。

```
60  //****************************************************************************
61  void CCU80_0_IRQHandler (void)
62  {
63      XMC_GPIO_SetOutputHigh(XMC_GPIO_PORT1, 2);
64      XMC_GPIO_SetOutputHigh(XMC_GPIO_PORT1, 3);
65      __NOP(); __NOP(); __NOP(); __NOP(); __NOP();
66      __NOP(); __NOP(); __NOP(); __NOP(); __NOP();
67      __NOP(); __NOP(); __NOP(); __NOP(); __NOP();
68      __NOP(); __NOP(); __NOP(); __NOP(); __NOP();
69      XMC_GPIO_SetOutputLow(XMC_GPIO_PORT1, 2);
70  }
71  //****************************************************************************
72  void VADC0_G0_0_IRQHandler (void)
73  {
74      XMC_GPIO_SetOutputLow(XMC_GPIO_PORT1, 3);
75
76      vadc_ia   = XMC_VADC_GROUP_GetResult(VADC_G0, 0);
77      vadc_ib   = XMC_VADC_GROUP_GetResult(VADC_G0, 3);
78      vadc_ic   = XMC_VADC_GROUP_GetResult(VADC_G0, 4);
79      vadc_vpot = XMC_VADC_GROUP_GetResult(VADC_G0, 6);
80  }
```

图 3.69

测试波形如图 3.70 所示。CH1（黄色）为高边 PWM 波形，CH2(紫色)为低边 PWM 波形，CH3(蓝色)上的高电平脉冲指示 CCU8 中断刚好发生在低边 MOSFET 导通周期中间时刻，CH4（绿色）上的高电平反映了 ADC 外设从转换开始到转换结束的过程。

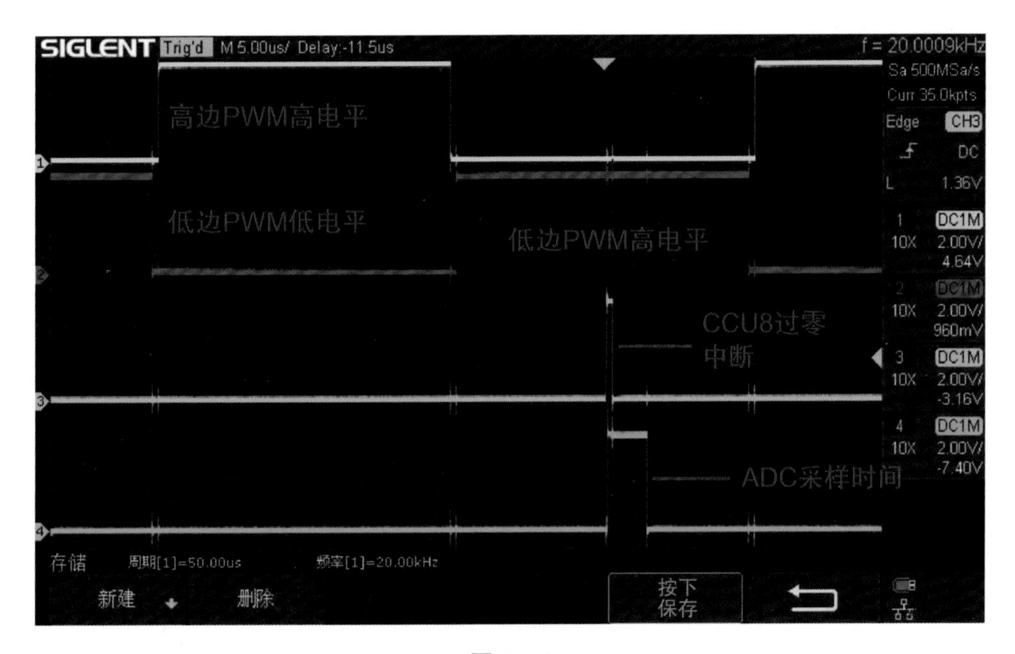

图 3.70

ADC 外设完成 4 个通道的转换一共花了 3.33μs 左右，如图 3.71 所示，看来转换速度还是比较快的。

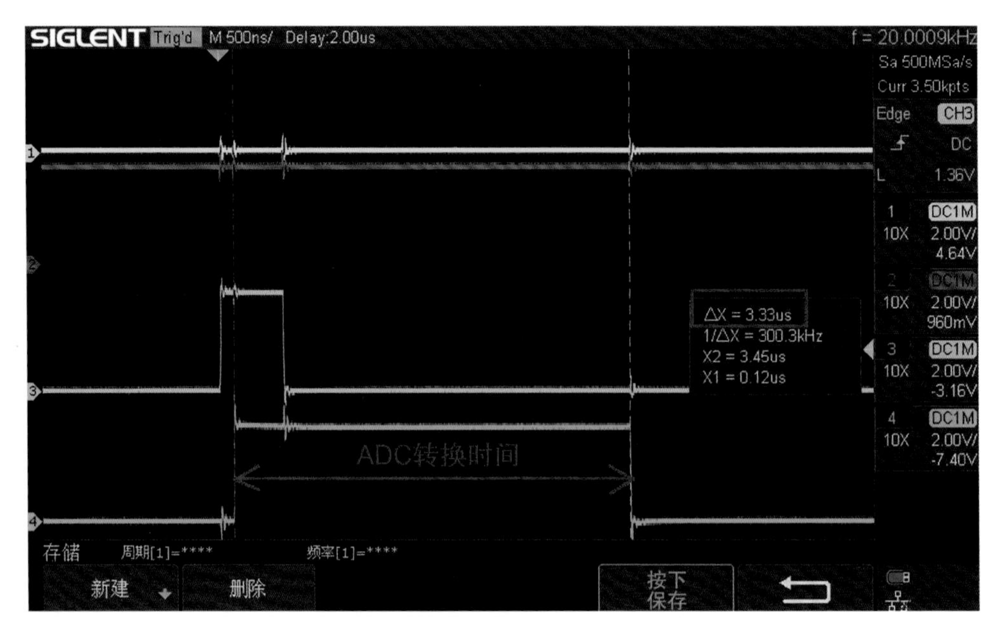

图 3.71

为了测试 ADC 转换效果，用 3 根杜邦线将电位器（图 3.72）接到 XMC4100 最小系统板，以简单确认 ADC 转换功能，以及对应的通道。其中，电位器的 2 个外侧引脚分别接 J-Link 的第 1 脚（J-Link 已改造为内部第 1 脚和第 2 脚短接，且有 +3.3V 电压输出）和接地引脚（参考前面 J-Link 接口引脚定义），中间引脚接 XMC4100 最小系统板的 I_A 引脚。

图 3.72

（2）如图 3.73 所示，点击“调试”按钮，进入调试界面。注意，在前述 3.1.6 节，我们已将开发环境设置为硬件仿真。

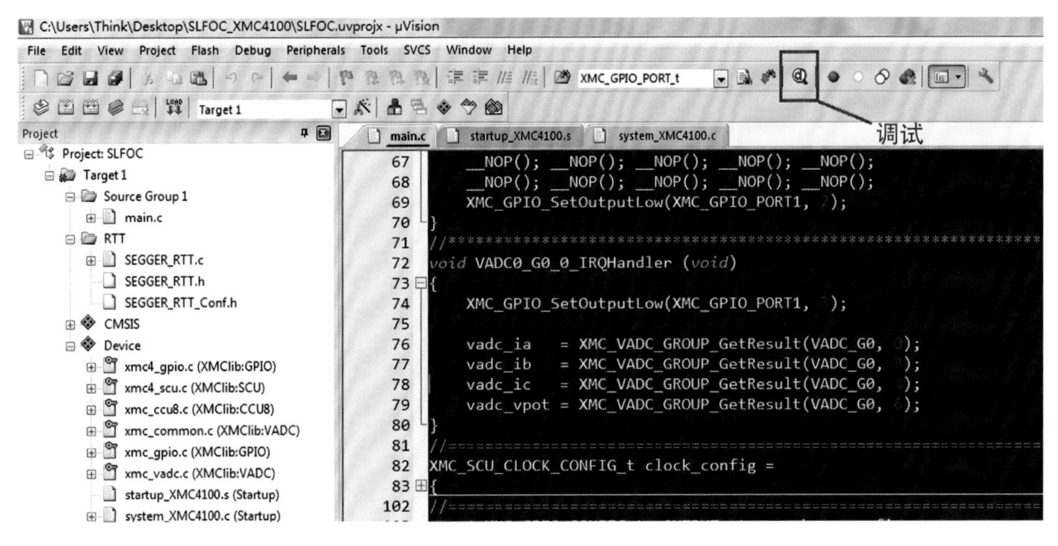

图 3.73

（3）如图 3.74 所示，先点击“Watch”按钮，并调节好显示位置和大小。然后，用鼠标将所需的变量拖拽到“Watch”窗口中。最后，点击“运行”按钮，进入硬件调试模式。

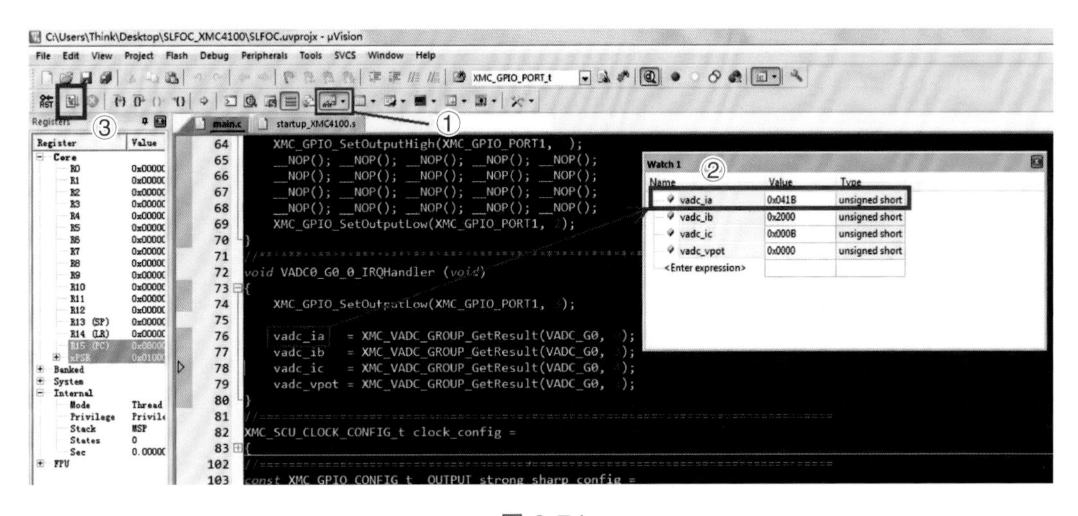

图 3.74

这时，旋转电位器手柄，便可观察到 vadc_ia 对应的数值在 0 ~ 0x0FFF，即 0 ~ 4095 之间变化，如图 3.75 所示，这说明 ADC 转换结果和通道的对应是正确的。如此，将电位器的中间引脚依次插在对应的转换通道上，便可确认 ADC 转换结果和通道的对应情况。

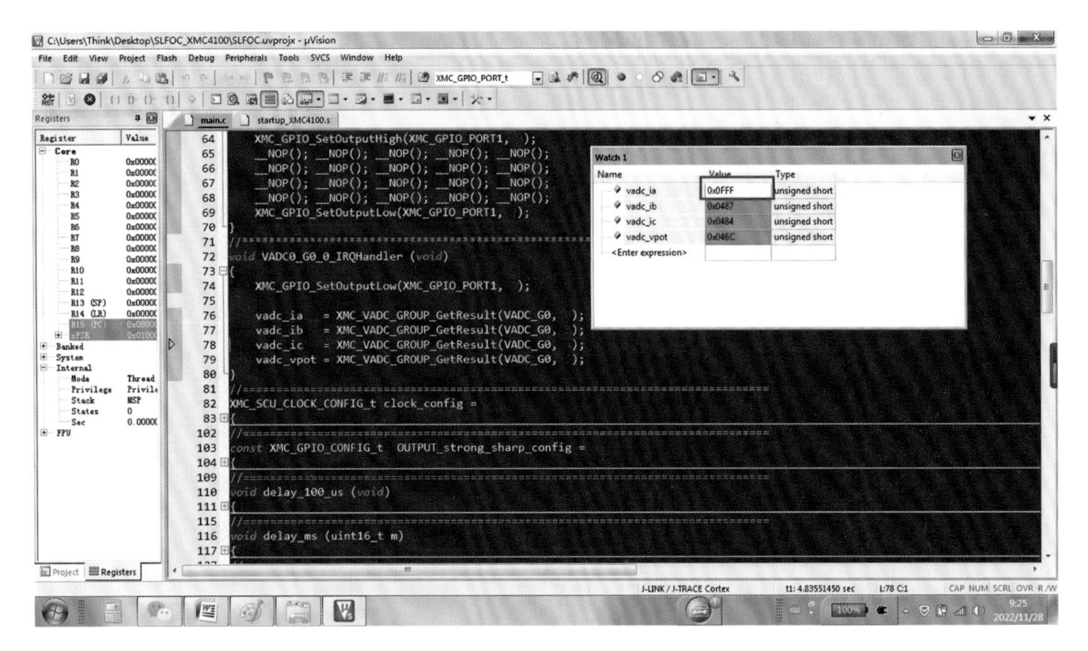

图 3.75

3.3.3　按键状态的读取

考虑到控制电机的启动和停止，以及测试的需要，下面使用按钮开关实现一个简单的人机接口。

（1）将 P14.8、P14.9 引脚配置为三态输入，如图 3.76 所示，也就是高阻抗输入状态。

```
342  //==========================================================================
343  const XMC_GPIO_CONFIG_t  user_switch_read_config =
344  {
345      .mode                   = XMC_GPIO_MODE_INPUT_TRISTATE
346  };
347  //==========================================================================
```

图 3.76

（2）第 361 行、第 362 行完成初始化，如图 3.77 所示。CCU8 初始化、ADC 初始化及中断使能代码都要注释掉，因为里面有控制 LED 的代码段。

（3）添加测试代码，如图 3.78 所示。编译、下载后，按下 USER0 按钮开关，母板上的 LED 点亮；按下 USER1 按钮开关，XMC4100 最小系统板上的 LED 闪烁。这说明引脚状态读取功能正常。

```
main.c
350     //-----------------------------------------------------------------
351     XMC_SCU_CLOCK_Init(&clock_config);
352 
353     //-----------------------------------------------------------------
354     SEGGER_RTT_ConfigUpBuffer (1, "JScope_i2i2i2i2f4f4f4f4", rtt_buf1,
355             sizeof(rtt_buf1), SEGGER_RTT_MODE_NO_BLOCK_SKIP);
356 
357     //-----------------------------------------------------------------
358     XMC_GPIO_Init(P1_2, &OUTPUT_strong_sharp_config);
359     XMC_GPIO_Init(P1_3, &OUTPUT_strong_sharp_config);          ①
360 
361     XMC_GPIO_Init(P14_8, &user_switch_read_config);      // USER0 SW
362     XMC_GPIO_Init(P14_9, &user_switch_read_config);      // USER1 SW
363 
364     //-----------------------------------------------------------------
365     //CCU80_init ();                                            ②
366 
367     //-----------------------------------------------------------------
368     //ADC_init ();
369     //NVIC_EnableIRQ(VADC0_G0_0_IRQn);
370 
371     //-----------------------------------------------------------------
```

图 3.77

```
371     //-----------------------------------------------------------------
372     while (1)
373     {
374         if ( XMC_GPIO_GetInput(XMC_GPIO_PORT14, 8) == 1)
375         {
376             XMC_GPIO_SetOutputHigh(XMC_GPIO_PORT1, 2);
377         }
378         else
379         {
380             XMC_GPIO_SetOutputLow(XMC_GPIO_PORT1, 2);
381         }
382 
383         if ( XMC_GPIO_GetInput(XMC_GPIO_PORT14, 9) == 1)
384         {
385             XMC_GPIO_SetOutputHigh(XMC_GPIO_PORT1, 3);
386         }
387         else
388         {
389             XMC_GPIO_SetOutputLow(XMC_GPIO_PORT1, 3);
390         }
391     }
392 }
```

图 3.78

3.3.4 外设功能小结

在这一章，我们学习了无感 FOC 所需的几个基本功能，总结如下。

（1）使用 CCU8 外设生成三相带死区互补 PWM 信号，并提供低边导通期间中间时刻生成触发 ADC 采样的触发信号。

（2）使用 VADC 外设进行 10 位或 12 位分辨率多通道 ADC 快速采样，

可以由 PWM 外设提供精准的定时触发信号，可以读取各相电流值和电位器电压转换值。

（3）使用 GPIO 引脚实现简单的人机接口控制。用按钮开关实现启动和停止，用其他开关提供测试信号，如速度给定，以观察速度环的调节特性；$I_d = 0$ 或 I_d 为负的弱磁控制，以观察同样条件下的速度响应。

（4）使用 SWD 接口，借助 J-Scope 虚拟示波器软件配以 RTT 模式所需的少量代码，通过 J-Link 硬件观测各变量的实时波形。虚拟示波器功能对无感 FOC 来说非常重要，对于相对简单的无感方波控制则可有可无。

除此之外，皆属于非核心功能。例如，模型调速控制所需的 PWM 信号可以用 CCU4 外设进行精确测量。一般来说，简单的遥控 PWM 信号比看似高端的串行信号更稳定可靠，抗干扰能力更强。

第 4 章　无感 FOC 的基本原理

4.1　如何让电机旋转

如图 4.1 所示，磨盘的中心孔固定在轴上，在其径向固定一条长木棒。对木棒施加力 F_1 时，磨盘逆时针旋转；对木棒施加力 F_4 时，磨盘顺时针旋转。施加力 F_2、F_3 时，只有垂直于木棒的分力起到拖动作用，并不能发挥全力，效率不高。力 F_5 不能拖动磨盘旋转，只能使磨盘的中心孔紧贴在轴上。由此可见，这里其实只有 2 种力，即 F_1 和 F_5。

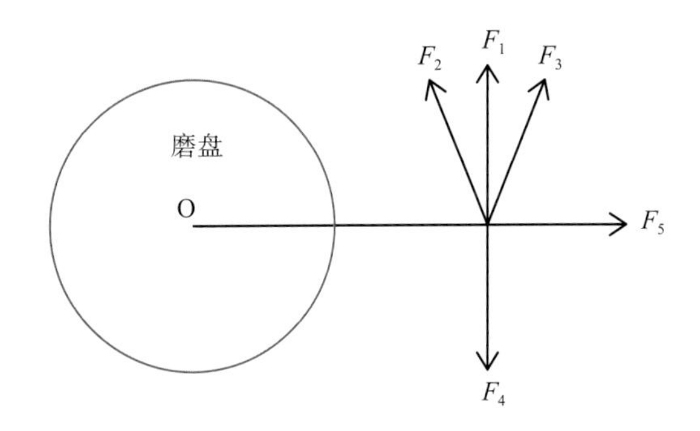

图 4.1

现在来看无刷电机的情况。1 对极的内转子无刷电机算得上最简单的无刷电机模型，定子的三相绕组互相间隔 120°，永磁转子在定子中旋转。转子就相当于上述的磨盘。

那么，问题来了：如何让转子旋转起来？

我们知道，磁场之间存在磁力作用，同性相斥，异性相吸。要让永磁转子旋转，那就要有另外的磁场作用于永磁体磁场。当两个磁场正交时，相互之间的磁力作用最大，可以实现最大转矩。如何构建另一个磁场？最简单的方式是用通电线圈产生磁场，也就是形成电磁铁。根据事物由简单到复杂的发展规律，构建外部磁场的方式可分为方波驱动和矢量驱动。

如图 4.2(a) 所示，内转子永磁体磁场和定子磁场 90° 相交，这时的转矩最大；如图 4.2(b) 所示，两个磁场在一条直线上，这时的转矩为 0。

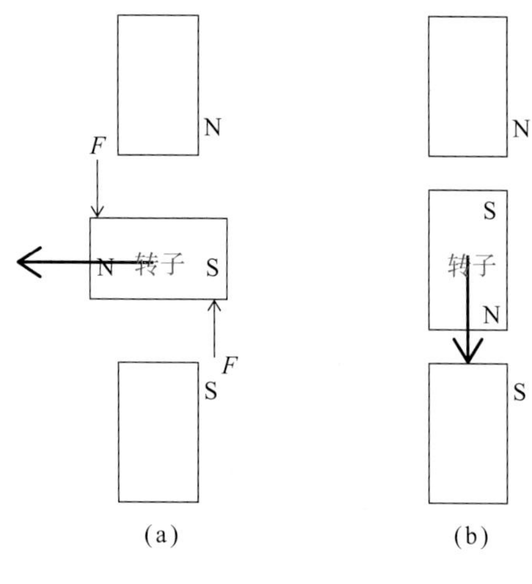

图 4.2

众所周知，力是一种矢量，可以在不改变方向和大小的情况下进行移动，如图 4.3 所示。

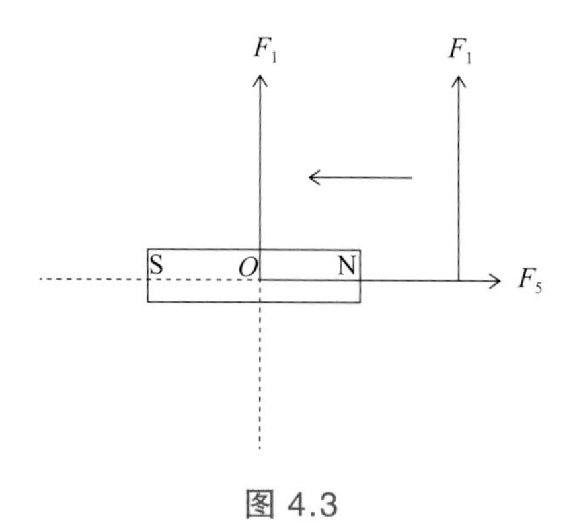

图 4.3

我们可以定义平行于磁体 N 极方向的轴线为 d 轴（direct axis，直轴），与磁体垂直且顺着旋转方向超前 d 轴 90° 的轴线为 q 轴（quadrature axis，交轴），如图 4.4 所示。

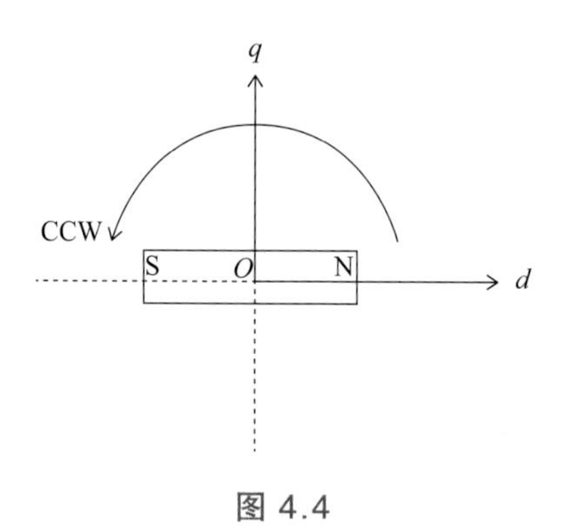

图 4.4

参照图 4.3 和图 4.4，如果在 q 轴上施加作用力，转子就会逆时针旋转（CCW）；如果在 q 轴上施加反作用力（q 轴箭头反方向），转子就会顺时针旋转（CW）。调节 q 轴作用力的大小和方向，就可以改变转子的转速和转向。

4.1.1 方波驱动

图 4.5 所示为无刷电机的六步驱动状态。我们知道，三相无刷电机驱动器 3 个半桥的输出有 3 种状态，即电源电压、电源地、浮空。如果将第 1 步 A 端接电源电压、B 端接电源地、C 端浮空记作 1_A_B，则电机正转（逆时针）的六步顺序为 1_A_B → 2_A_C → 3_B_C → 4_B_A → 5_C_A → 6_C_B，电机反转的六步顺序为 1_A_B → 6_C_B → 5_C_A → 4_B_A → 3_B_C → 2_A_C。

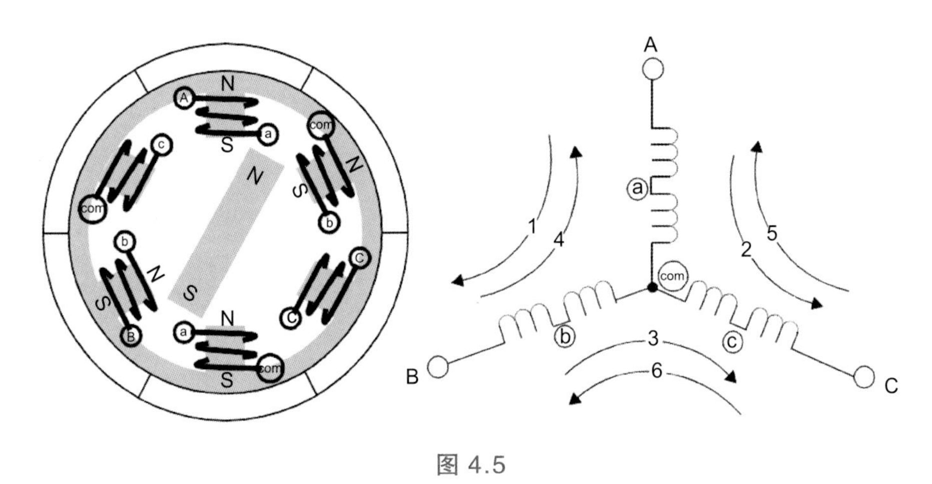

图 4.5

现在考虑第 1 步，如图 4.6 所示，A、B 相合成磁场的方向为 1_A_B。

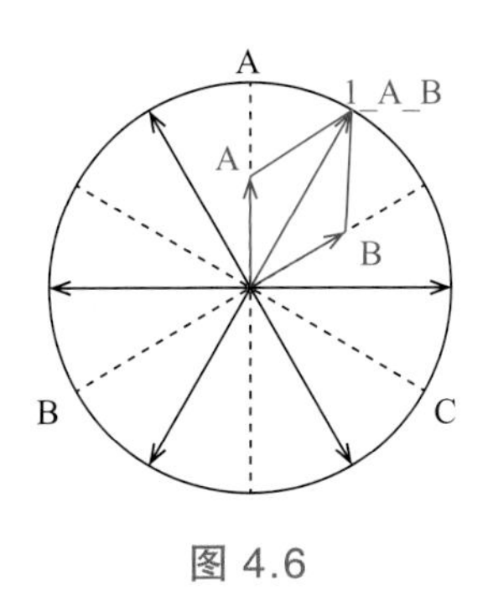

图 4.6

按图 4.7 一步步遍历 6 个状态，就能得出 6 个合成磁场，如图 4.8 所示。

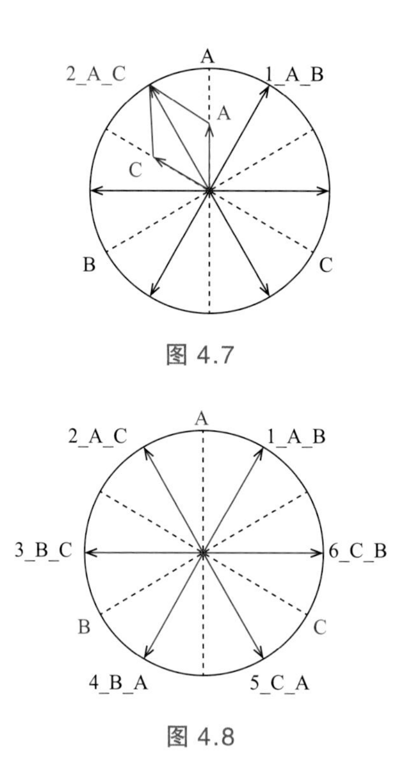

图 4.7

图 4.8

可以看到，依照六步驱动状态，合成磁场按逆时针或顺时针方向，每 60° 跳跃一步。这相当于通过 3 个 120° 均布绕组构成了 6 个受控的电磁铁。如此一来，便可根据霍尔传感器状态获取转子当前位置，按当前位置对应的驱动状态同步驱动永磁转子旋转。

从圆心出发的 6 段虚线代表三相绕组的位置。对应每个位置，电机旋转时会产生一个过零点（图 4.9），记作 zcp（zero crossing point）。过零点共计 6 个，有由正到负和由负到正 2 种状态，如图 4.10 所示。

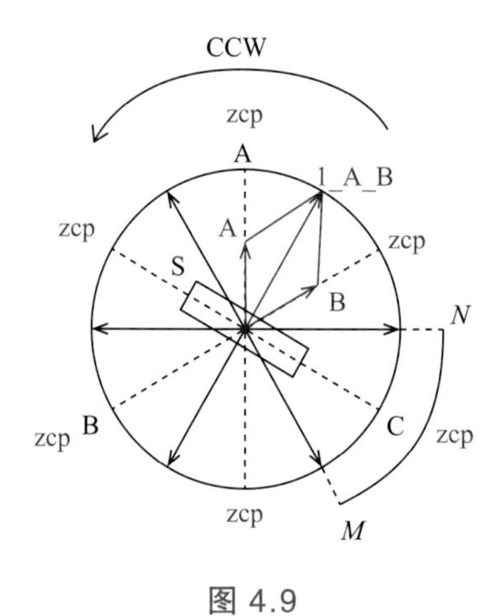

图 4.9

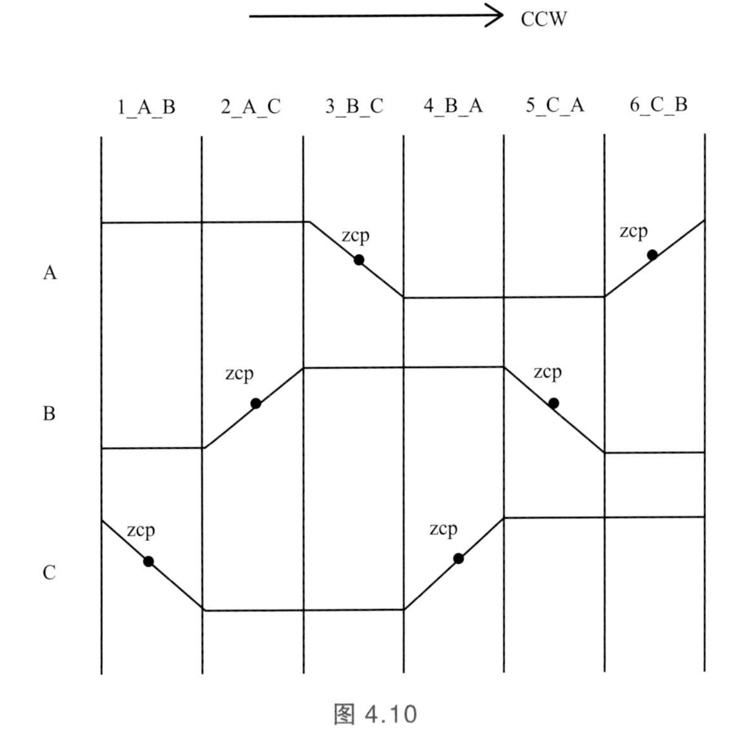

图 4.10

图 4.9 所示为电机转子逆时针旋转（CCW）的状态，弧 *MN* 对应的扇区代表当前霍尔信号区间之一。当转子磁体 N 极逆时针旋转到 *M* 点时，将驱动状态设定为 1_A_B，此时磁体 N 极轴线与定子绕组合成磁场 1_A_B 的夹角为 120°；当磁体 N 极旋转到弧 *MN* 中点时，转矩达到最大值，C 相绕组处于浮空状态，其端子上可以检测到由正到负的过零点；转子继续旋转，当磁体N极轴线到达*N*点时，霍尔信号状态发生变化，电机驱动状态跳变为2_A_C，此时磁体 N 极轴线与磁场 1_A_B 的夹角为 60°。如此，每当转子旋转到不同的霍尔信号区间，电机驱动状态就会周而复始地依次遍历 6 个驱动状态。问题是，转子在每60° 霍尔信号区间内受到的转矩是波动的，也就是转矩脉动，这是电机噪声的来源之一。方波驱动的优势是支持极高转速，特别适合航模类应用，如穿越机电调。

4.1.2 正弦波驱动

要得到平滑转矩，就要构建角度无跳跃的连续旋转磁场，始终与转子磁场正交，让转矩最大，连续拖动转子旋转。那么，如何构造连续旋转磁场？增加线圈肯定不行，最有效的方法是磁场定向控制（FOC），也就是所谓的矢量控制。矢量控制的优点有很多，如电机噪声低，调速范围宽（可以从零速开始调节），特别是可以精确和快速调节转矩，显著改善电机的动态特性。对于无人机姿态调整、相机云台快速跟踪、伺服电机快速响应、滚筒洗衣机直驱控制等应用，矢量控制都是核心技术。

矢量控制的基础是 PWM 控制技术。PWM 控制的理论基础是，冲量相等但形状不同的窄脉冲施加到惯性环节上时，它们的效果（响应）基本相同。冲量是指窄脉冲的面积。换句话说，不管窄脉冲是矩形、三角形、正弦波，只要面积相等，它们在惯性环节上的响应差不多。这就是面积等效原理。

基于面积等效原理，对 PWM 占空比进行正弦调制，当 PWM 信号产生的电压施加到电机绕组上时，因为电感的作用，绕组中就会出现平滑的正弦电流，继而产生平滑的转矩。

PWM 控制的优势是，功率开关只有导通和截止 2 种状态，能量损耗大大减小，同时也可以精确定时释放能量。

通过 PWM 控制，对绕组施加合适的正弦波电压，以生成角度连续的磁场，即所谓的 SPWM（正弦 PWM）控制。SPWM 在实际应用中有一个很大的问题，就是直流母线电压利用率较低。于是出现了现在广泛使用的 SVPWM（空间矢量 PWM）控制。注意，这里的“矢量”和数学上的矢量不同，数学上的矢量是同时存在的，犹如人静止站立，两条腿直立同时支撑人体；而 SVPWM 控制的矢量在时间上是交替的，就像人走路时两只脚交替作用于地面。

SVPWM 通过在相电压调制波中加入（业内称“注入”）三次谐波，以形成马鞍状波形，相当于把正弦波的波形展宽，提高了直流母线电压利用率。

加入的三次谐波通常有两种，一种是正弦波，另一种是等腰三角波。通常，SVPWM 控制多数采用加入正弦波的方式，这方面的参考资料很多。

4.2　无感FOC算法

FOC 控制可以分为两部分，一是磁场定向电流控制，二是位置获取。如果转子位置通过旋转变压器、光电编码器、霍尔传感器、磁编码器得到，就称为有感 FOC；如果没有位置传感器，而是通过电机的电压、电流、反电动势、磁链、电感等间接估计转子位置，就称为无感 FOC。

电机旋转靠转矩作用，而转矩是定子电流产生的，故转矩控制就是定子电流控制。为了产生定子电流，要向定子绕组施加电压。

无感 FOC 如图 4.11 所示，将驱动器和电机视为一个整体，驱动器部分包含电压输出、电流采样、电流调节。这对直流有刷电机来说是一个简单而直接的过程，但对三相无刷电机来说，考虑到三相交流电路的非线性特点，线性系统的经典反馈控制方法不能直接使用，需要加入一些额外转换，显得更复杂。

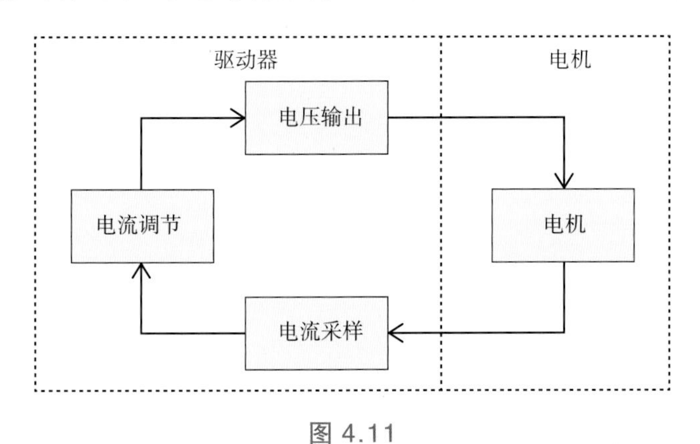

图 4.11

图 4.12 所示为无感 FOC 框图。

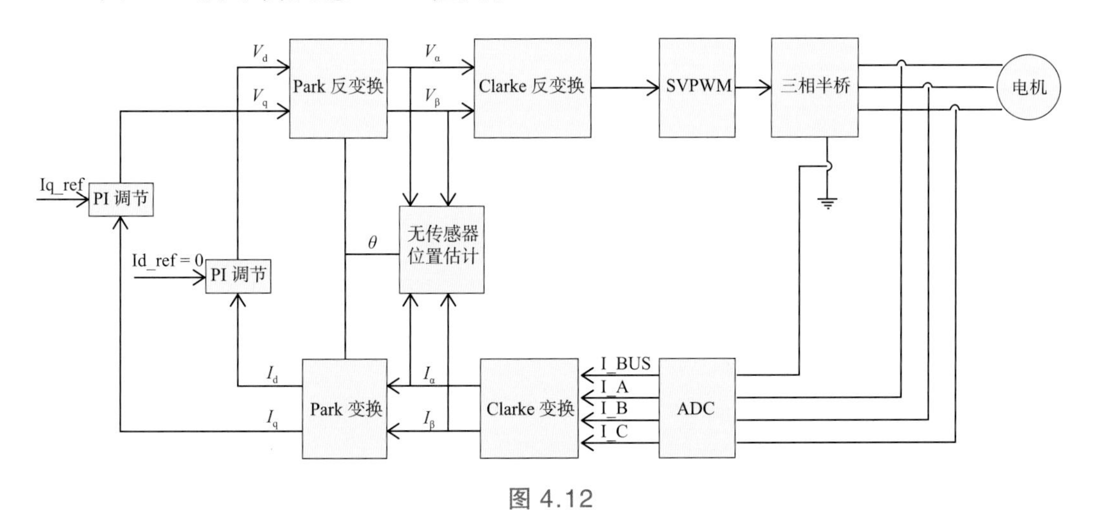

图 4.12

根据使用的无感算法，我们可以单独采集母线电流 IBUS，进行单电阻电流采样。看起来是采样母线电流，其实还是分时获取三相电流中的两相。

也可以在低边配置 2 个或 3 个采样电阻，进行双电阻电流采样或三电阻电流采样。由前面 CCU8 触发 ADC 采样的内容可知，高边 PWM 的占空比不能达到 100%，是为了给 ADC 采样留下足够的时间，这样就不能进行全电源电压驱动。三电阻电流采样可以解决这个问题，当一相的占空比为 100% 时，选择其他占空比不为 100% 的一相进行电流采样。要注意的是，双电阻电流采样要考虑 ADC 采样时间、功率开关管的开关延时、PWM 信号的传输延时，尤其是 PWM 频率较高的时候。

为了方便后续的讨论，建立一个以 α 轴为横轴、β 轴为纵轴的直角坐标系，如图 4.13 所示。A、B、C 分别对应无刷电机的三相绕组，并且 A 相和 α 轴重合。转子磁体 N 极轴线与 α 轴正方向的夹角为 θ。转子逆时针旋转为正转。

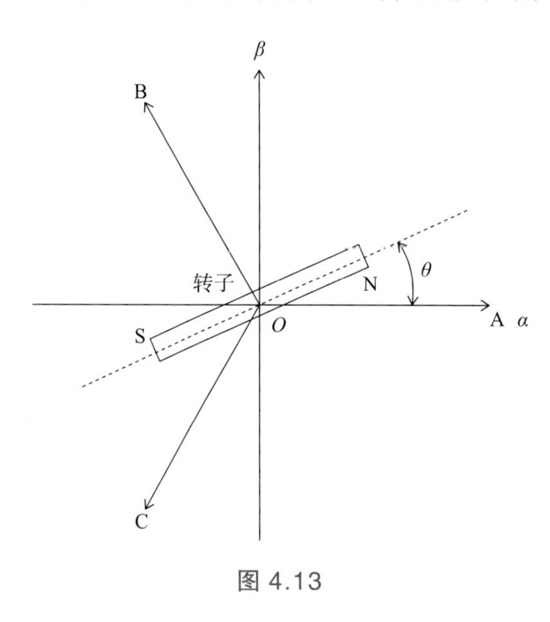

图 4.13

4.2.1 Clarke变换

clarke 变换的目的是将三相静止坐标系中的三相电流值转换成两相静止坐标系中的 2 个电流值。

通过 ADC 外设对电流采样电路放大后的两相或三相电流 I_a、I_b、I_c 进行数字化。在对称的三相电路中，$I_a + I_b + I_c = 0$，所以只要知道了任意两相电流，就能计算出第三相的电流。

Clarke 变换分为两种，一种是等幅值变换，变换系数为 $\frac{2}{3}$；一种是等功率变换，变换系数为 $\sqrt{2/3}$。无感 FOC 通常采用等幅值变换。顾名思义，等幅值变换前后相关变量的幅值相等，这有利于单片机进行整数计算。

如图 4.14 所示，根据三角函数基础知识可知

$$I_\alpha = I_a \times \cos 0° + I_b \times \cos 120° + I_c \times \cos 240°$$
$$I_\beta = I_a \times \sin 0° + I_b \times \sin 120° + I_c \times \sin 240°$$

化简后得

$$I_\alpha = I_a - \frac{1}{2}I_b - \frac{1}{2}I_c$$

$$I_\beta = \frac{\sqrt{3}}{2}I_b - \frac{\sqrt{3}}{2}I_c$$

最后乘以系数，得

$$I_\alpha = \frac{2}{3} \times \left(I_a - \frac{1}{2}I_b - \frac{1}{2}I_c\right)$$

$$I_\beta = \frac{2}{3} \times \left(\frac{\sqrt{3}}{2}I_b - \frac{\sqrt{3}}{2}I_c\right) = \frac{1}{\sqrt{3}}\left(I_b - I_c\right)$$

乘以系数 $\frac{2}{3}$，可以使相电流 I_a、I_b、I_c 的正弦波幅值与 I_α、I_β 的正弦波幅值相等。

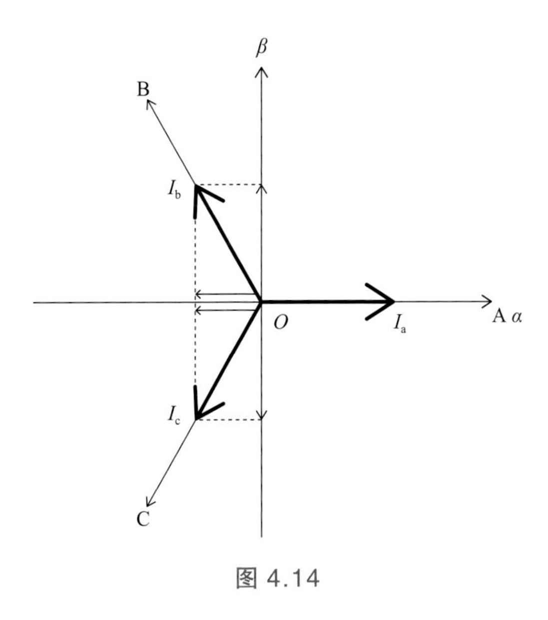

图 4.14

4.2.2 Park变换

Park 变换的根本作用是将静止的两相正交 α–β 坐标系变换成旋转的两相正交 d–q 坐标系，并将转子 N 极轴线与 q 轴正方向对齐，这样旋转的两相 d–q 坐标系和转子磁场保持相对静止，电流 I_d、I_q 可以通过线性的 PI 调节器分别进行调节。Park 变换的角度来自于上一次位置估计得到的位置。

如图 4.15 所示，通过三角函数计算可知：

$$I_d = I_\alpha \cdot \cos\theta + I_\beta \cdot \sin\theta$$

$$I_q = -I_\alpha \cdot \sin\theta + I_\beta \cdot \cos\theta$$

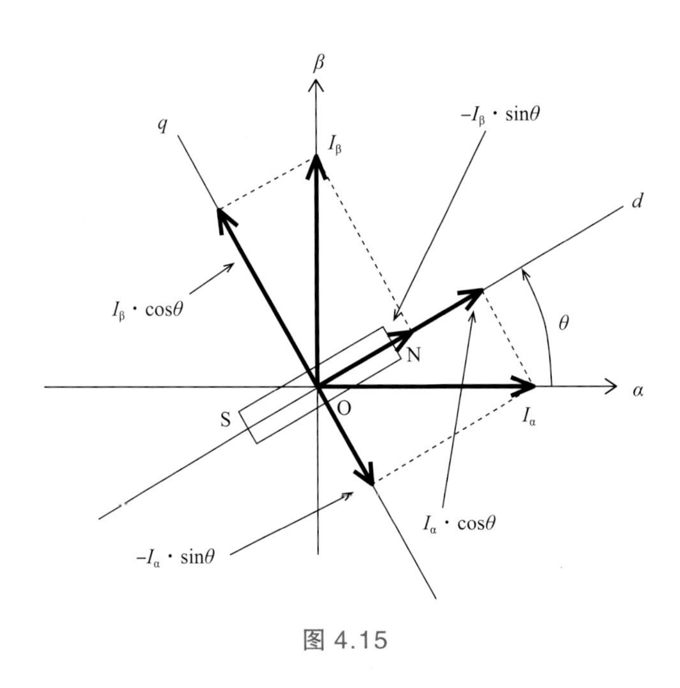

图 4.15

4.2.3 PI调节

电流 I_d 用于励磁，一般设定为 0，如需弱磁调速，也可设定为负值。本书采用 $I_d = 0$ 控制。

电流 I_q 用于提供转矩，改变 I_q 的符号即改变转矩的方向，改变 I_q 的大小即改变转矩的大小。I_q 可以直接给定，构成转矩环；也可以由速度环的输出给定，构成速度环。为了尽快让电机正常旋转起来，这里不使用 PI 调节器控制 I_q，而是直接用电位器给定 V_q 的大小。这也是四旋翼飞行器常用的方式。

通过变换，将相电流 I_a、I_b、I_c 变换成能独立调节的 I_d、I_q 电流成分，可以得到类似于直流有刷电机的调节特性，这就是所谓的“解耦控制”。

对于反馈控制，最简单、最成熟的就是 PID 调节，如图 4.16 所示。

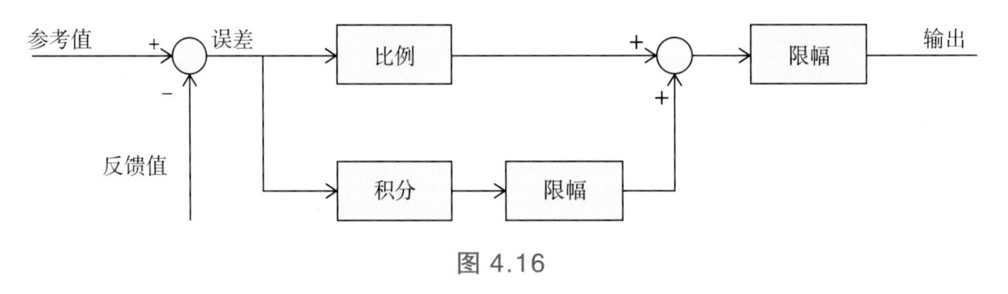

图 4.16

参考值是我们希望达到的目标，而反馈值其实就是目标的实际达成情况，两者的差别就是误差，要尽力消除。比例（P）调节就是根据误差，按照比例给出相应的调节量。要注意的是，比例调节才是 PID 调节的基础，积分（I）和微分（D）虽然看起来复杂，但不起主要作用。

通过比例调节量不一定能刚好消除误差，稳态下总是会存在一点点误差无法被消除，这个误差就是所谓的“静差”，这时就需要积分调节。简单来说，积分就是把很小的误差一点一点积累起来，变成一个足以消除误差的较大调节量。比例 – 积分控制可以满足很多应用的要求。

要注意的是，要对积分的最大值进行限幅，也就是“防顶死”。否则，误差一直存在，积分成分就会不断增大，直至超出变量表达范围而溢出……就算没有溢出，也会导致控制器做反向调节时反应缓慢，引发振荡。

最后是微分调节，在位置控制中体现为速度阻尼。微分成分对噪声比较敏感，一般会进行降噪处理。很多控制使用比例 – 微分调节就能得到满意的效果，关键是如何获取满足要求的微分信号。在工业伺服控制中，速度信号获取方法往往决定了系统性能，一般使用观测器获取平滑、快速响应的速度信号。

简单直接的参数整定方法是，给参考值一个阶跃，观察系统的阶跃响应。

一些初学者在理解无感 FOC 算法时可能心存疑问：输入是电流 I_d、I_q 的误差信号，为什么 PI 调节器的输出是电压信号 V_d、V_q？答案是，我们要通过电压来改变电流，这也是 4.2 节开头就放图 4.11 的原因。和普通的直流有刷电机通过改变电压来调节转矩电流是一样的，这里只是多了个静止坐标系到旋转坐标系的变换，使线性的 PI 调节器可以正常使用，调节完了一样要通过反变换回到原来的静止坐标系。

对 PID 调节的理解不能只停留在数学公式的表面理解，沉迷于 MATLAB 仿真，尤其是不能被“口诀”误导了。要深入理解和灵活运用，就必须不断实践、总结经验，理论联系实际，融会贯通。不要过于迷信“先进控制算法”，就算是模拟控制系统，至今仍存在一些关键应用，它最大的优点是不需要采样。目前工业界使用的反馈控制依旧是 PID 的天下，主要是因为它成熟可靠、调试容易。先进理论有很多，但不可避免地变得更复杂，在实际应用中的优势并不明显。特别是某些先进算法在实验室条件下表现优良，遇到实际的工业环境就水土不服了，如建模困难、各种因素变化太大、现场整定困难等，这就需要工程师结合控制理论，面向工程实际给出可靠、易用的方案。

从模型舵机控制开始实际焊接和编程，和顶级商用产品做比较，是不错的PID控制入门方法。模型舵机控制虽然不如工业伺服那般“高大上”，但其实另有乾坤，并非看起来那么简单。做舵机信号发生器的人有很多，但能开发高性能模型舵机的人寥寥无几，难就难在控制算法上，比的是工程师对系统的认知深度。

4.2.4 Park反变换

分别对d轴和q轴电流进行调节，PI调节器输出电压V_d、V_q之后，要进行Park反变换，将这两个输出电压从d–q旋转坐标系变换回静止的α–β两相坐标系。

如图4.17所示，Park反变换的公式如下：

$$V_\alpha = V_d \cdot \cos\theta - V_q \cdot \sin\theta$$
$$V_\beta = V_d \cdot \sin\theta + V_q \cdot \cos\theta$$

Park变换及反变换都需要转子位置信息θ，可以由编码器提供，也可以由位置估计器提供。

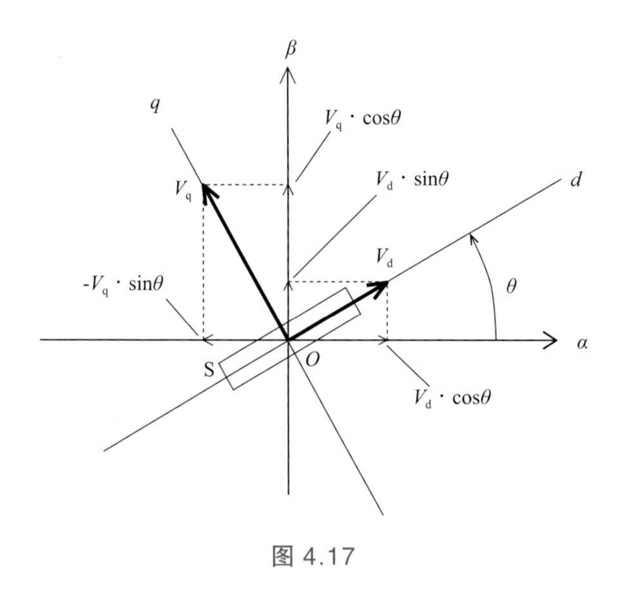

图4.17

4.2.5 Clarke反变换

Clarke反变换的目的是从两相静止坐标系变换到三相静止坐标系，对应电机的三相绕组。

如图4.18所示，让V_α和电机A相电压轴对齐并且相等，有：

$$V_a = V_\alpha$$

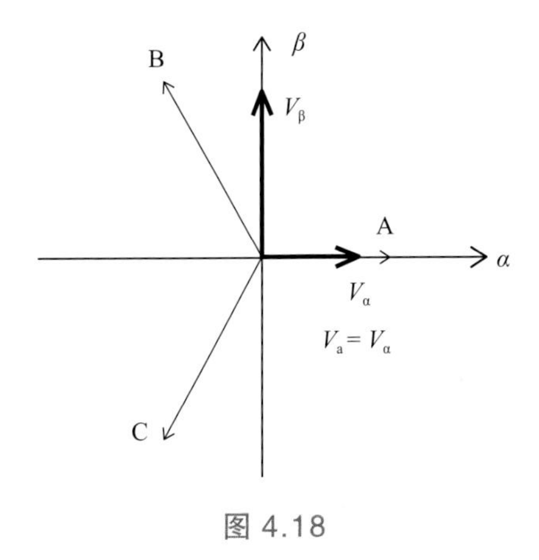

图 4.18

由图 4.19 可知：

$$V_{b1} = V_\beta \times \cos 30°$$
$$V_{b2} = -V_\alpha \times \sin 30°$$

因此，

$$\begin{aligned} V_b &= V_{b2} + V_{b1} \\ &= -V_\alpha \times \sin 30° + V_\beta \times \cos 30° \\ &= -\frac{1}{2}V_\alpha + \frac{\sqrt{3}}{2}V_\beta \end{aligned}$$

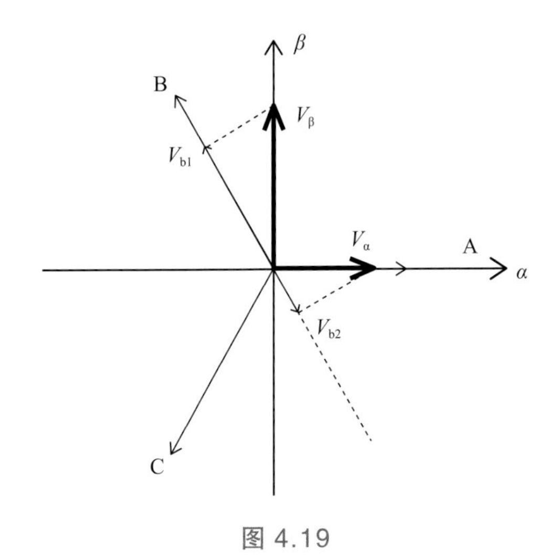

图 4.19

如图 4.20 所示，V_{c1}、V_{c2} 的方向和 V_c 相反，故而有

$$V_{c1} = -V_\alpha \sin 30°$$
$$V_{c2} = -V_\beta \cos 30°$$

$$
\begin{aligned}
V_{c} &= V_{c1} + V_{c2} \\
&= -V_{\alpha} \times \sin 30° - V_{\beta} \times \cos 30° \\
&= -\frac{1}{2} V_{\alpha} - \frac{\sqrt{3}}{2} V_{\beta}
\end{aligned}
$$

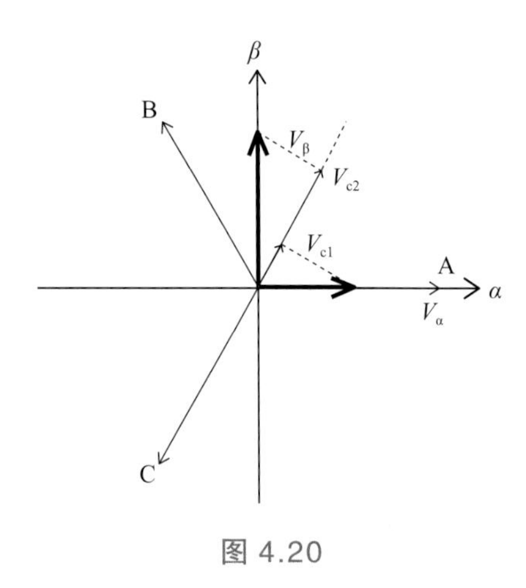

图 4.20

4.2.6 SVPWM

SVPWM 和 SPWM 一样，都属于脉宽调制。要注意的是，所谓“磁场定向控制”（FOC），是指采用 SPWM 或 SVPWM 的调制方式，在旋转的 q–d 坐标系上进行相关变量的单独控制，SVPWM 并不指代磁场定向控制。

● 扇区的概念

以典型三相半桥功率回路为例，如图 4.21 所示。当开关 1 导通，开关 2 关断时，电机 A 相端子电压为电源电压，把这种状态记作 1。当开关 1 关断，开关 2 导通时，电机 A 相端子电压为电源地，把这种状态记作 0。在采用互补 PWM 并加入死区控制的情况下，电机 A 相端子的状态要么为 1，要么为 0。

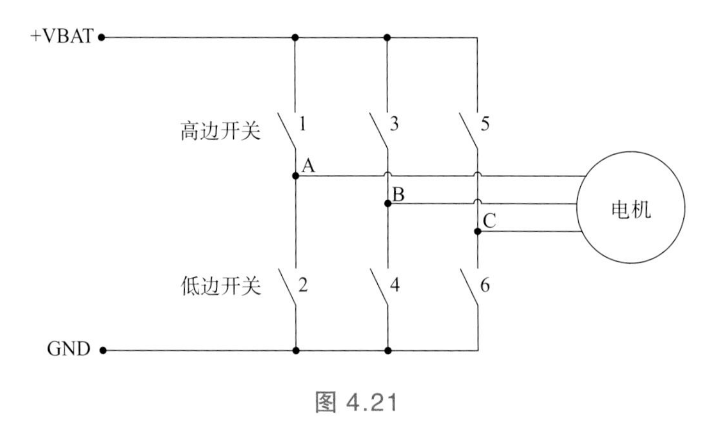

图 4.21

依此类推，电机端子 A、B、C 共有 $2^3=8$ 种状态。不过，高边开关全部导通、低边开关全部关断时，电机中没有电流通过；高边开关全部关断、低边开关全部导通时，电机中也没有电流通过。因此，只有 6 种状态是有电流的，这 6 种状态也被称为“有效矢量”。

现在，用 [ABC] 表示三相端子 A、B、C 的电压状态，见表 4.1。其中，[111] 和 [000] 被定义为零矢量，记作 $\boldsymbol{V}_7$ 和 $\boldsymbol{V}_0$。

表 4.1

电压矢量	电压状态 [ABC]
$\boldsymbol{V}_4$	[100]
$\boldsymbol{V}_6$	[110]
$\boldsymbol{V}_2$	[010]
$\boldsymbol{V}_3$	[011]
$\boldsymbol{V}_1$	[001]
$\boldsymbol{V}_5$	[101]
$\boldsymbol{V}_0$	[000]
$\boldsymbol{V}_7$	[111]

A 相高边导通、B 相和 C 相低边导通，记作 [100]，对应的电压矢量为 $\boldsymbol{V}_4$，可以看出，二进制数 100 的值正好等于 4。

电压状态和对应电压矢量的关系可以用图 4.22 所示的模型来解释。

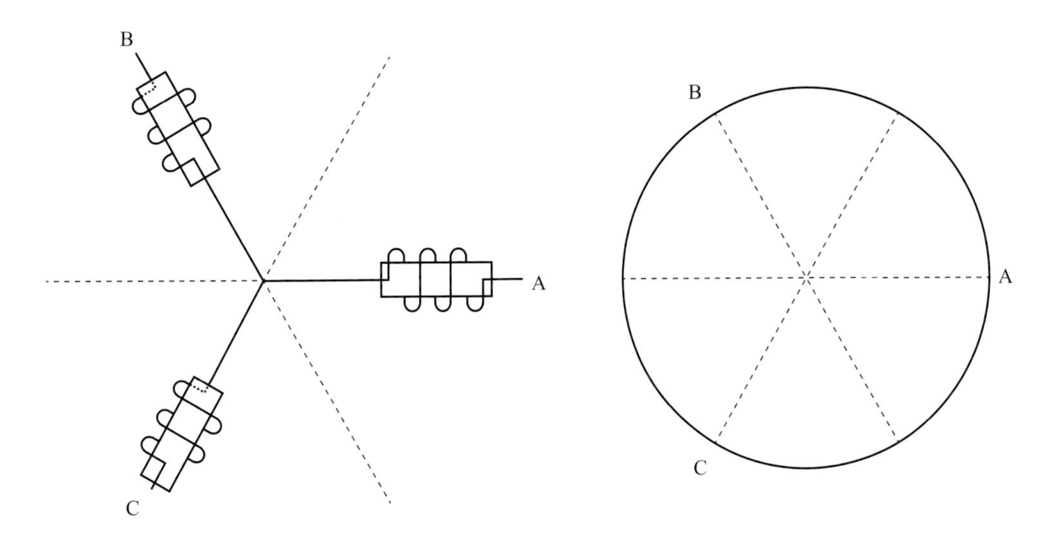

图 4.22

例如，对应矢量 $\boldsymbol{V}_4$ 的状态是 [100]，即 A 相接电源电压，B 相和 C 相接电源地。根据右手定则，电压矢量 $\boldsymbol{V}_4$ 及其产生的合成磁场的方向如图 4.23 所示。

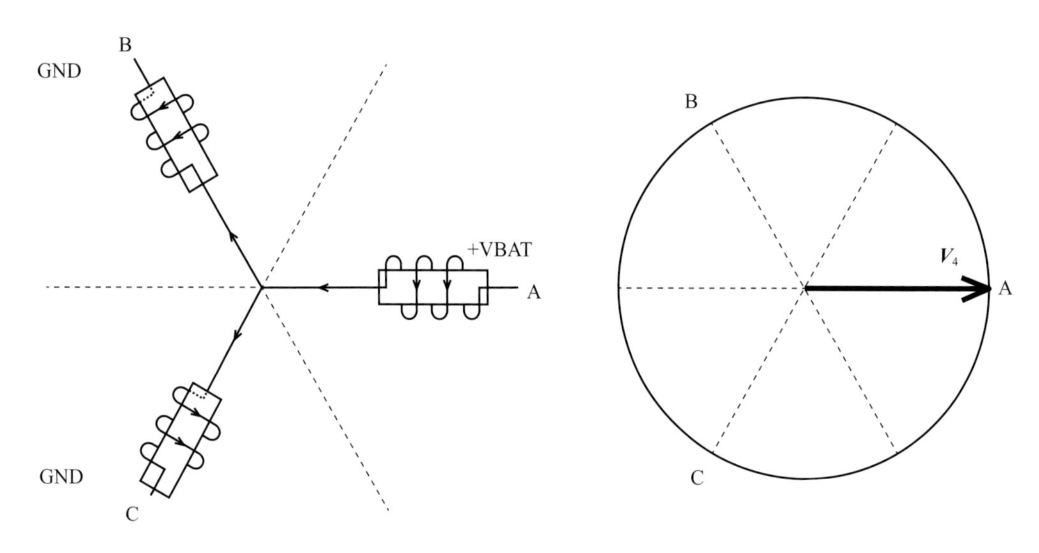

图 4.23

对应矢量 $\boldsymbol{V}_6$ 的状态是 [110]，即 A 相和 B 相接电源电压，C 相接电源地。根据右手定则，电压矢量 $\boldsymbol{V}_6$ 及其产生的合成磁场的方向如图 4.24 所示。

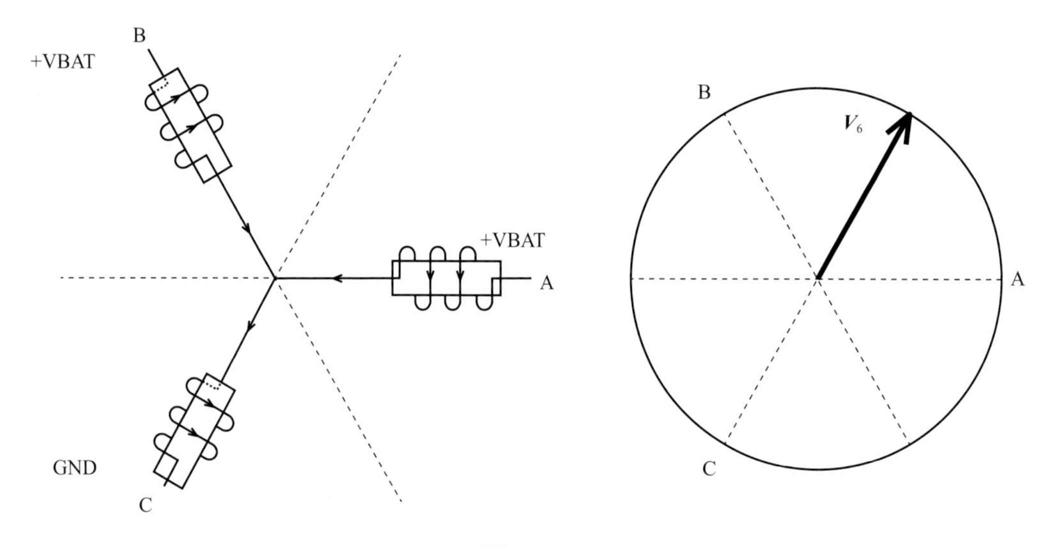

图 4.24

按照图 4.23、图 4.24，把其余 4 个电压矢量 $\boldsymbol{V}_2$、$\boldsymbol{V}_3$、$\boldsymbol{V}_1$、$\boldsymbol{V}_5$ 依次逆时针隔 60° 电气角度表示出来，如图 4.25 所示。

连接每个电压矢量的顶端就形成六边形，从圆心到六边形顶点的长度代表电压矢量的最大值。实际上，电压矢量的最大值是六边形内切圆的半径。如果电压矢量的长度大于内切圆的半径，就会发生过调制，这个暂不讨论。

在此，我们把 6 个电压矢量划分成 6 个扇区，分别命名为扇区 1、扇区 2、扇区 3、扇区 4、扇区 5、扇区 6。

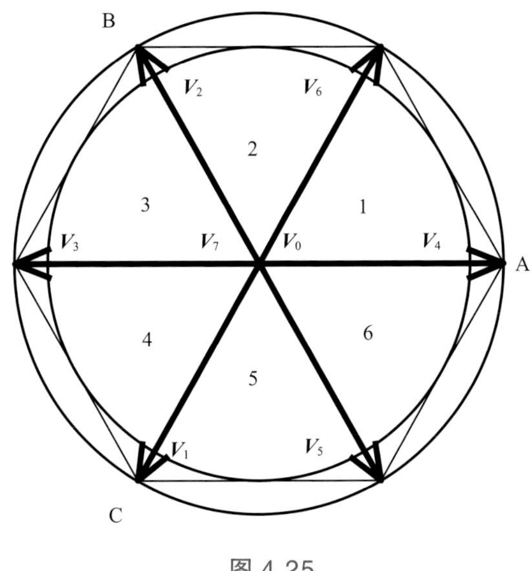

图 4.25

对于以上 6 种电压状态，如果只考虑三相绕组的相电阻，那么中性点 N 的电压只有 2 种情况（参考图 4.26）：

（1）为线电压（电机绕组端子之间的电压）最大值，即电源电压 V_{BAT}。

（2）为相电压（电机绕组端子到中性点 N 的电压）最大值，即 $\frac{2}{3}V_{BAT}$。

这里为了理解方便，只考虑绝对值的大小。

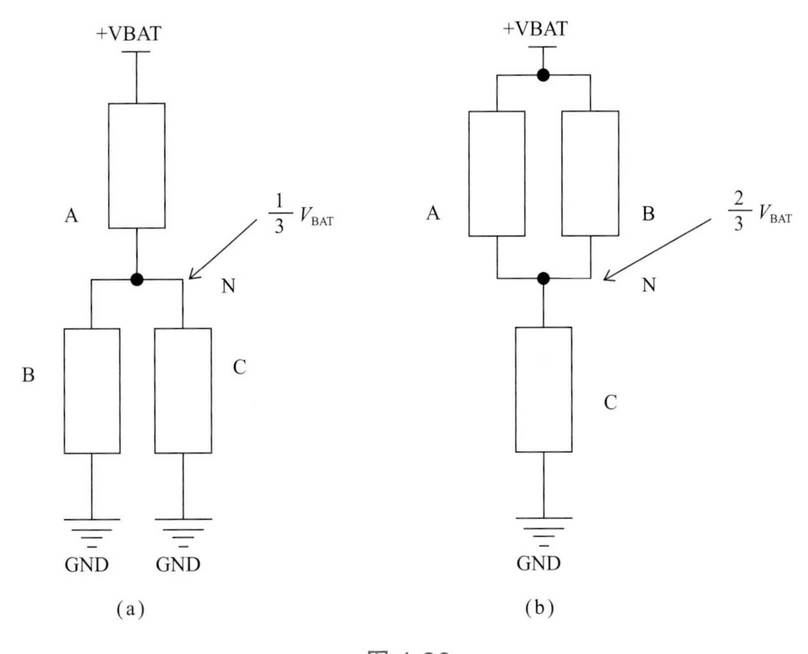

图 4.26

SVPWM 就是通过相邻两个电压矢量进行时间上的线性组合，合成所需角度和大小的电压矢量。记住，不是同时，而是分时，交替进行。因为每一相的相电压与 PWM 占空比成正比，而 PWM 占空比又与 PWM 比较寄存器值成正比，所以最终的相电压值会比例化到 PWM 比较寄存器值上。

以图 4.27 中的扇区 1 为例，$\boldsymbol{V}_4$ 和 $\boldsymbol{V}_6$ 合成电压矢量 $\boldsymbol{V}_S$。

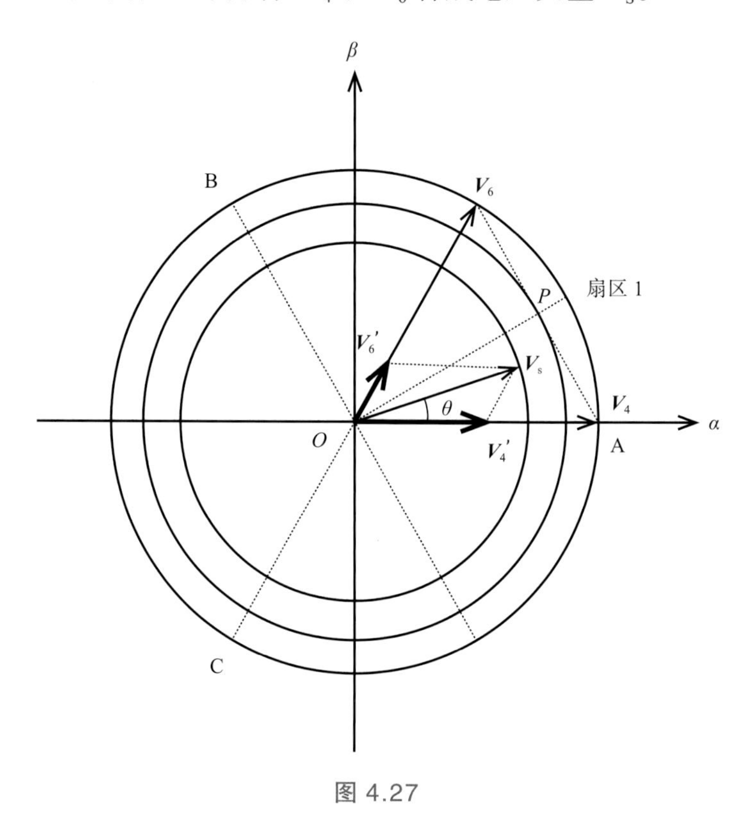

图 4.27

前面通过 Clarke 反变换，得到了 V_α、V_β。如图 4.28 所示，根据三角函数的相关知识，可得：

$$\tan 60° = \frac{V_\beta}{V_\alpha - \boldsymbol{V}'_4}$$

$$\boldsymbol{V}'_4 = V_\alpha - \frac{V_\beta}{\tan 60°} = V_\alpha - \frac{1}{\sqrt{3}} V_\beta$$

$$\sin 60° = \frac{V_\beta}{\boldsymbol{V}'_6}$$

$$\boldsymbol{V}'_6 = \frac{V_\beta}{\tan 60°} = \frac{V_\beta}{\frac{\sqrt{3}}{2}} = \frac{2}{\sqrt{3}} V_\beta$$

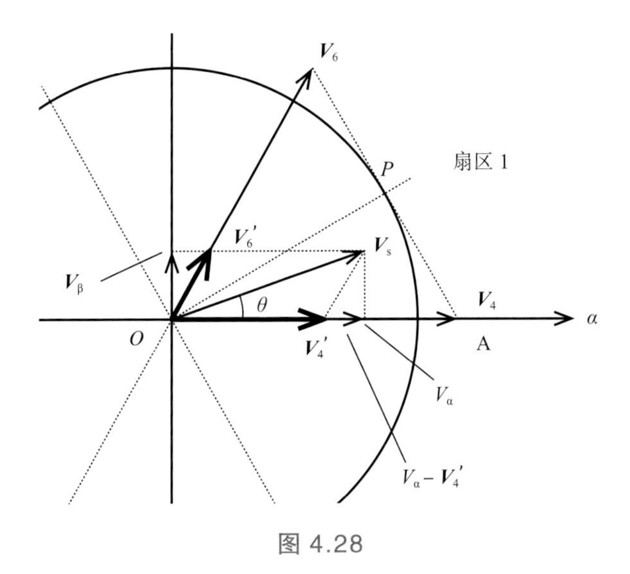

图 4.28

实际的 PWM 信号和各电压状态如何对应？考虑到每相的高低边 PWM 信号是互补的，下面着眼于每相的高边 PWM 信号进行说明，如图 4.29 所示。

请注意，图示的 PWM 占空比分布只表达各相 PWM 占空比的相对大小，以解释电压矢量的形成，并非真实比例，只要知道 $\boldsymbol{V}_0$ 和 $\boldsymbol{V}_7$ 中间的一半等长即可。

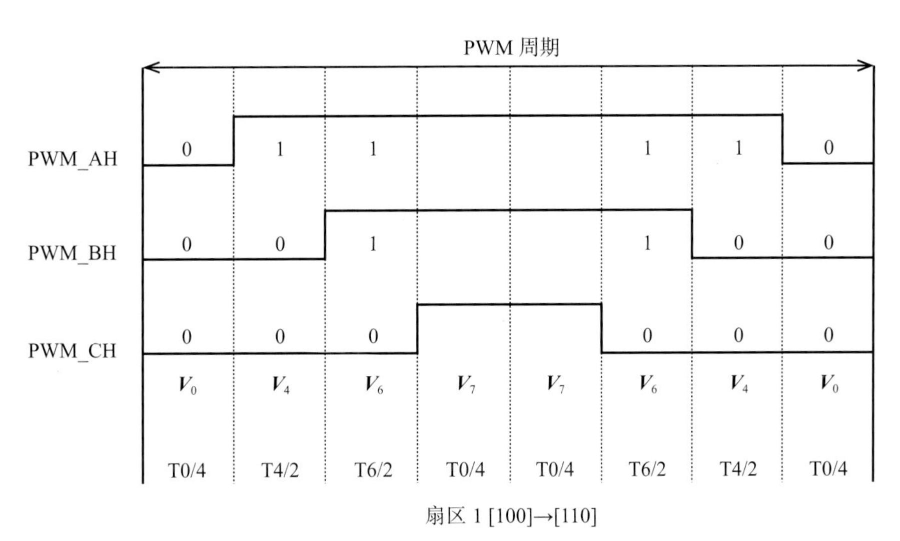

图 4.29

本书使用中心对齐 PWM 信号。当然，使用边沿对齐 PWM 信号也是可以的，但中心对齐 PWM 用得更多。随着时间的变化，三相半桥的开关状态从左往右依次经历 $\boldsymbol{V}_0$、$\boldsymbol{V}_4$、$\boldsymbol{V}_6$、$\boldsymbol{V}_7$、$\boldsymbol{V}_6$、$\boldsymbol{V}_4$、$\boldsymbol{V}_0$ 共 7 个阶段，这就是所谓的“七段式 PWM”。其中，$\boldsymbol{V}_0$、$\boldsymbol{V}_4$、$\boldsymbol{V}_6$ 左右对称，$\boldsymbol{V}_7$ 居中。在扇区 1，PWM

占空比的相对大小就决定了 $\boldsymbol{V}_4$ 和 $\boldsymbol{V}_6$。例如电压矢量，PWM_AH 信号为高电平（1），PWM_BH 信号为低电平（0），PWM_CH 信号为低电平（0），对应状态 [100]。不难看出，合成电压矢量 $\boldsymbol{V}_S$ 就是通过电压矢量 $\boldsymbol{V}_4$、$\boldsymbol{V}_6$ 以 PWM 占空比的形式进行时间上的线性组合。在扇区 1，电压矢量 $\boldsymbol{V}_4$ 逆时针往 $\boldsymbol{V}_6$ 方向旋转时，PWM_BH 的占空比会逐渐加大到和 PWM_AH 一样，也就是从 [100] 变到 [110]，如图 4.30 所示。

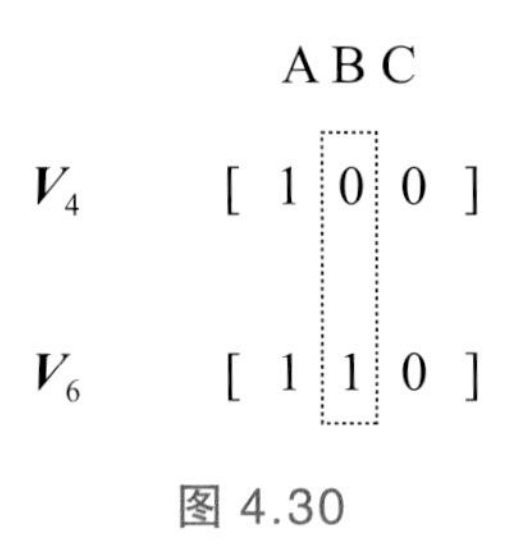

图 4.30

由此可以得出一个规律：在 $\boldsymbol{V}_4$ 变到 $\boldsymbol{V}_6$ 的过程中，A 相电压状态一直保持为 1，故 A 相高电平脉冲最宽；C 相电压状态一直保持为 0，故 C 相高电平脉冲最窄；B 相电压状态由 0 变到 1，故 B 相高电平宽度居中。根据这一规律，很容易得到三相 PWM 占空比计算公式中有效矢量和零矢量的组合，可以自己画出各个扇区的三相 PWM 波形图。

以扇区 1 为例，计算三相 PWM 的占空比。先计算中间 $\boldsymbol{V}_7$ 的占空比，然后计算 $\boldsymbol{V}_7$ 加 $\boldsymbol{V}_6$ 的占空比，最后用 $\boldsymbol{V}_7$ 与 $\boldsymbol{V}_6$ 的占空比之和加上 $\boldsymbol{V}_4$ 的占空比，就这样一个个累加，得到各相的占空比。

为了便于验证，下面给出剩下的 5 个扇区的 PWM 波形，如图 4.31 ~ 图 4.35 所示。

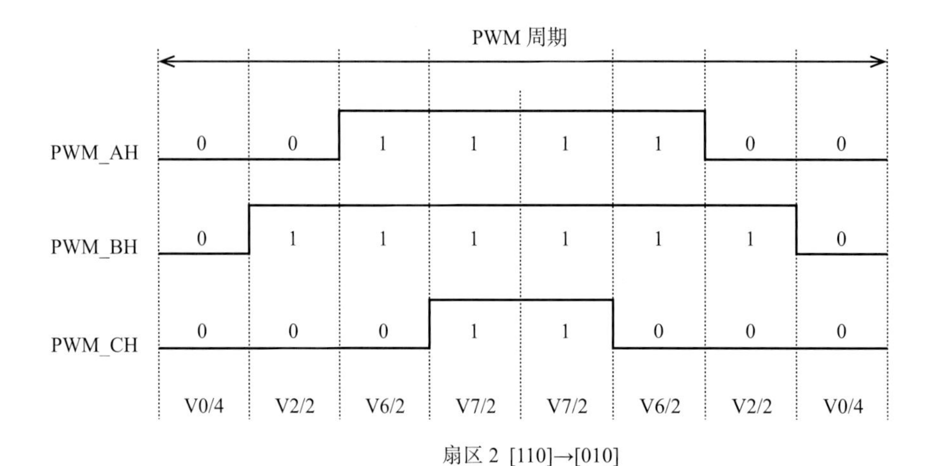

扇区 2 [110]→[010]

图 4.31

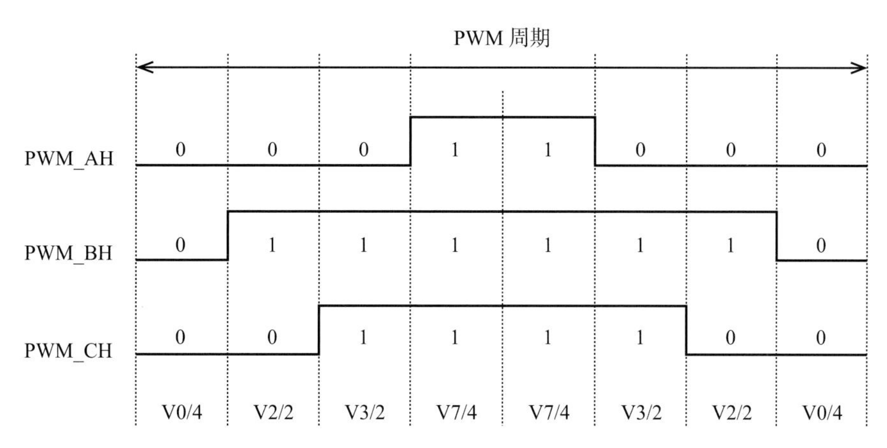

图 4.32

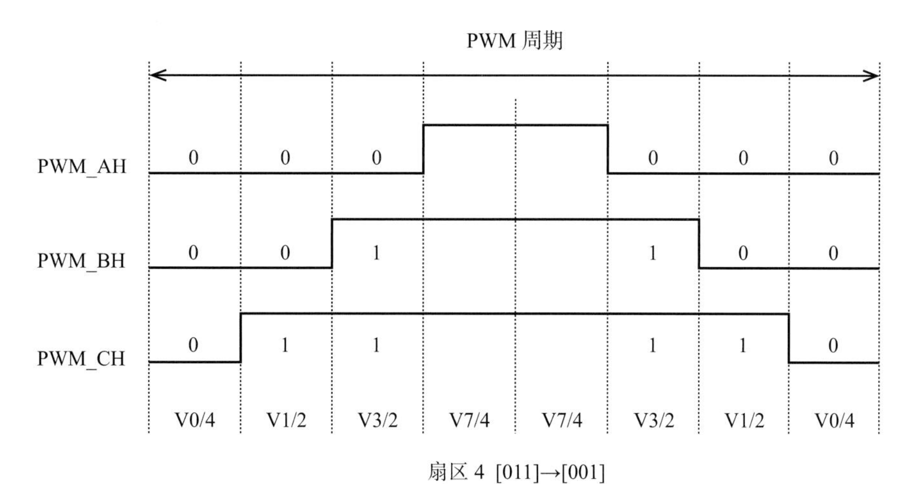

图 4.33

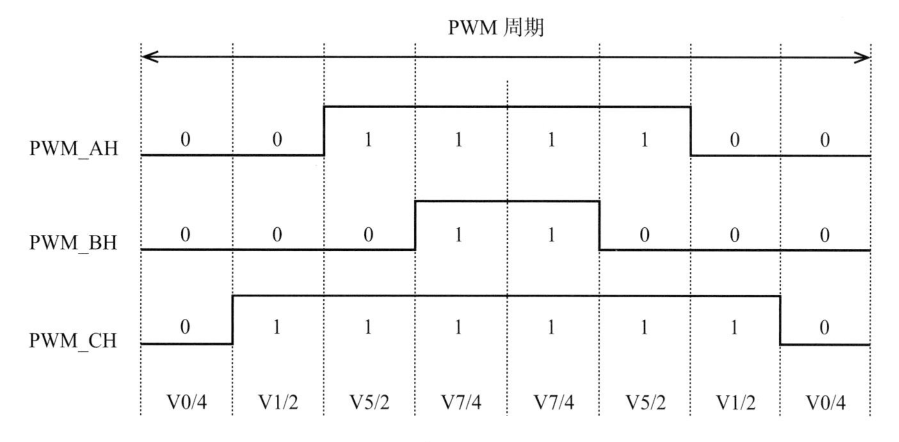

图 4.34

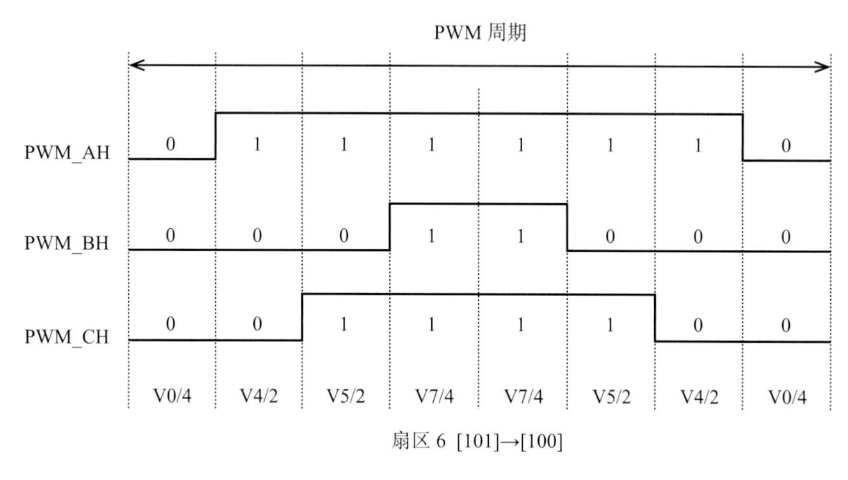

图 4.35

V_0 和 V_7 都是零矢量，即无效矢量。若取消七段式 PWM 中间的 V_7 矢量，便可得到五段式 PWM，如图 4.36 所示，从左至右依次是 V_0、V_4、V_6、V_4、V_0，一共 5 个阶段。其中，V_0 和 V_4 左右对称，V_6 居中。一般使用七段式 PWM，而五段式 PWM 因为开关次数较少，在一些要求开关损耗小的场合有需要，如车用无刷电机控制，电压不高，但电流很大。

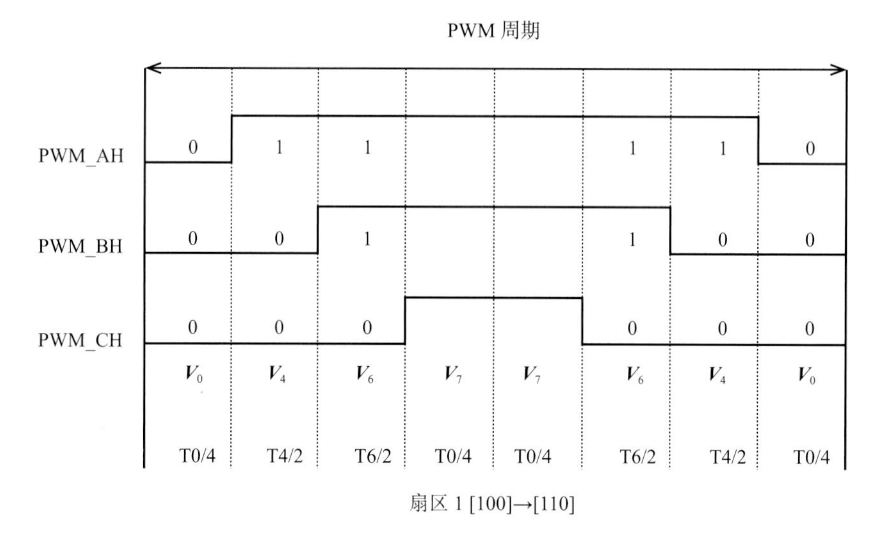

图 4.36

● 扇区的确定

如图 4.37 所示，6 个有效矢量的大小是相同的，而且每个扇区都是 60°，合成矢量的逆时针或顺时针旋转，都是相邻的两个电压矢量接力进行的。因此，对于每一个扇区，变化规律是相同的。由此可知，为了合成所需的电压矢量，首先要确定扇区。

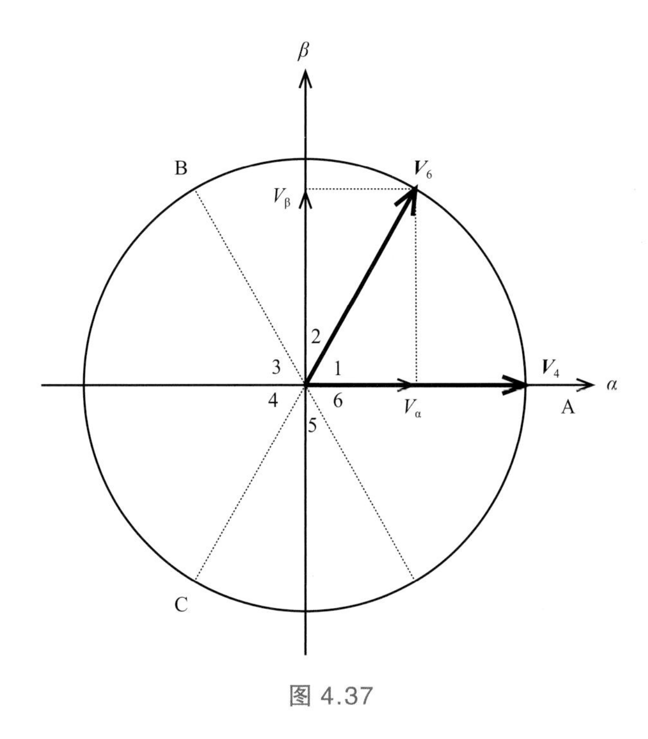

图 4.37

在已知 $V_α$、$V_β$ 的情况下，由于 6 个扇区刚好关于 $α$ 轴对称，所以第一步就可以通过 $V_β$ 的符号来确定扇区在圆的上半部还是下半部。

观察电压矢量 $\boldsymbol{V}_6$ 处 $V_α$ 和 $V_β$ 的大小关系，可知 $V_β=\sqrt{3}V_α$。这就是从扇区 1 变到扇区 2 的临界点，可以用来判断电压矢量所在的扇区。

· 若 $V_α \geqslant 0$，$V_β \geqslant 0$，$V_α \geqslant \frac{V_β}{\sqrt{3}}$，电压矢量在扇区 1。

· 若 $V_β \geqslant 0$，$|V_α| \leqslant \frac{V_β}{\sqrt{3}}$，则电压矢量在扇区 2。

· 若 $V_α \leqslant 0$，$V_β \geqslant 0$，$V_α \geqslant \frac{V_β}{\sqrt{3}}$，则电压矢量在扇区 3。

· 若 $V_α \leqslant 0$，$V_β \leqslant 0$，$|V_α| \geqslant \left|\frac{V_β}{\sqrt{3}}\right|$，则电压矢量在扇区 4。

· 若 $V_β \leqslant 0$，$|V_α| \leqslant \frac{V_β}{\sqrt{3}}$，则电压矢量在扇区 5。

· 若 $V_α \geqslant 0$，$V_β \leqslant 0$，$V_α \geqslant \left|\frac{V_β}{\sqrt{3}}\right|$，则电压矢量在扇区 6。

出于计算各相 PWM 占空比的考虑，有必要讨论一下有效矢量（也叫基本矢量）的大小。如图 4.38 所示，有效矢量的最大长度是 $\frac{2}{3}V_{\mathrm{BAT}}$，但实际上是内切圆半径 $\overline{OP}$。另外，$\overline{OP}$ 垂直于连接 $\boldsymbol{V}_4$ 和 $\boldsymbol{V}_6$ 的顶点的虚线。

$$\sin 60° = \frac{\overline{OP}}{V_4}$$

$$\begin{aligned}\overline{OP} &= \boldsymbol{V}_4 \times \sin 60° \\ &= \frac{2}{3}V_{\mathrm{BAT}} \times \frac{\sqrt{3}}{2} \\ &= \frac{V_{\mathrm{BAT}}}{\sqrt{3}}\end{aligned}$$

确定扇区之后，需要根据Clarke反变换得到的V_α、V_β，计算各扇区相邻两个基本矢量上分矢量的大小。每个分矢量与其基本矢量的比值就是分矢量作用时间的比值。

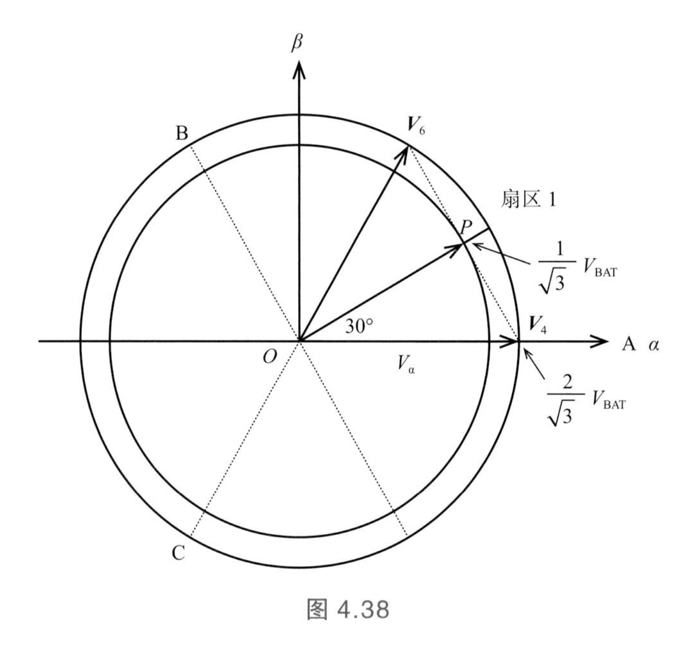

图4.38

下面的描述并没有使用合成矢量的角度值，因为V_α、V_β是实际计算出来的，本来可以据此计算出角度值了，但这里并不需要。SVPWM有多种计算方式，如通过V_α、V_β直接得出合成矢量的长度和角度，然后在60°扇区内通过正弦定理计算相邻扇区有效矢量的大小。

以扇区1为例：

$$\boldsymbol{V}'_4 = V_\alpha - \frac{1}{\sqrt{3}}V_\beta$$

$$\boldsymbol{V}'_6 = \frac{2}{\sqrt{3}}V_2$$

现在已知基本矢量的最大值为$\frac{2}{3}V_{\mathrm{BAT}}$，故两个基本矢量作用时间的占空比为

$$D_{V4}=\frac{V_{\alpha}-\frac{1}{\sqrt{3}}V_{\beta}}{\frac{2}{3}V_{BAT}}$$

$$D_{V6}=\frac{\frac{2}{\sqrt{3}}V_{\beta}}{\frac{2}{3}V_{BAT}}$$

$$D_{V7}=\frac{1-D_{V4}-D_{V6}}{2}$$

其中，1 代表 100% 占空比，下同。

$T_{PWM}=T_4+T_6+T_{零矢量}$（在 PWM 中间使用 $\boldsymbol{V}_7$ 零矢量，两侧使用 $\boldsymbol{V}_0$ 零矢量），计算 D_{V7} 时除以 2，是因为 D_{V7} 就是三相 PWM 占空比中最小的那相的占空比，且 $\boldsymbol{V}_7$ 和 $\boldsymbol{V}_0$ 的脉宽相等，所以 100% 占空比减去 $\boldsymbol{V}_4$ 和 $\boldsymbol{V}_6$ 的占空比后，再除以 2 就得到 $\boldsymbol{V}_0$ 和 $\boldsymbol{V}_7$ 的占空比——$\boldsymbol{V}_0$ 和 $\boldsymbol{V}_7$ 各占一半。

根据前述中心对齐 PWM 与电压状态的对应关系，参考图 4.39，可以得到扇区 1 内三相 PWM 占空比的表达式：

$$\begin{aligned}D_A&=D_{V4}+D_{V6}+D_{V7}\\D_B&=\qquad\quad D_{V6}+D_{V7}\\D_C&=\qquad\qquad\qquad D_{V7}\end{aligned}$$

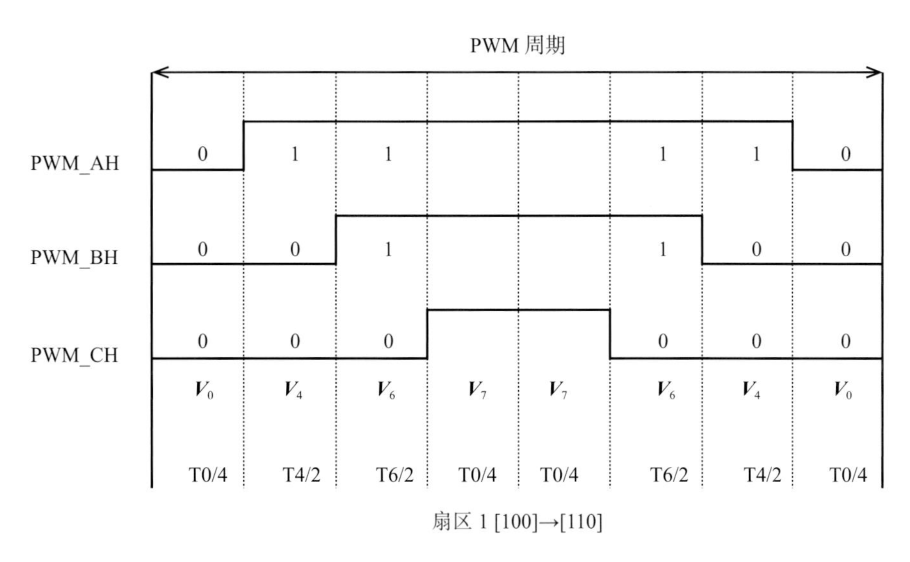

图 4.39

扇区 2 的情况如图 4.40 所示，根据矢量相关的平行四边形定则及三角函数知识作辅助线，可得到一个底长为 $\boldsymbol{V}_2'$ 的等腰三角形。由此可得：

$$\tan 60° = \frac{V_\beta}{V_\alpha + \boldsymbol{V}_2'}$$

$$\boldsymbol{V}_2' = \frac{V_\beta}{\sqrt{3}} - V_\alpha$$

$$\sin 60° = \frac{V_\beta}{\boldsymbol{V}_6' + \boldsymbol{V}_2'}$$

$$\boldsymbol{V}_6' = \frac{V_\beta}{\frac{2}{\sqrt{3}}} - \boldsymbol{V}_2' = \frac{V_\beta}{\frac{\sqrt{3}}{2}} - \left(\frac{V_\beta}{\sqrt{3}} - V_\alpha\right) = \frac{V_\beta}{\sqrt{3}} + V_\alpha$$

$$D_{V6} = \frac{\frac{V_\beta}{\sqrt{3}} - V_\alpha}{\frac{2}{3}V_{BAT}}$$

$$D_{V2} = \frac{\frac{V_\beta}{\sqrt{3}} - V_\alpha}{\frac{2}{3}V_{BAT}}$$

$$D_{V7} = \frac{1 - D_{V6} - D_{V7}}{2}$$

$$D_A = D_{V6} + D_{V7}$$
$$D_B = D_{V4} + D_{V6} + D_{V7}$$
$$D_C = D_{V7}$$

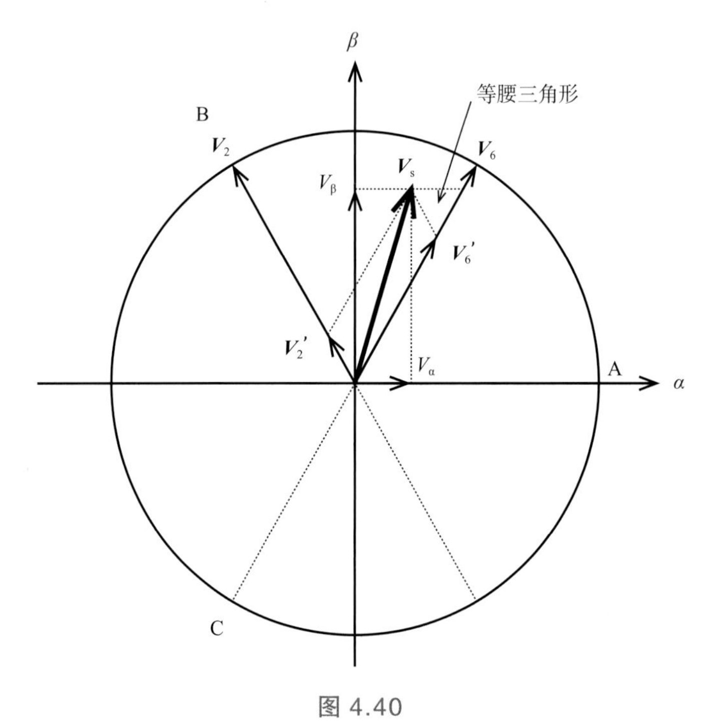

图 4.40

扇区 3 的情况如图 4.41 所示，因为扇区 3 和扇区 1 是关于 β 轴对称的，计算方法类似，只是注意 V_α 现在是负值即可，由此可得：

$$\boldsymbol{V}_2^{'} = \frac{2}{\sqrt{3}} V_\beta$$

$$\boldsymbol{V}_3^{'} = -V_\alpha - \frac{1}{\sqrt{3}} V_\beta$$

$$D_{V2} = \frac{\frac{2}{\sqrt{3}} V_\beta}{\frac{2}{3} V_{BAT}}$$

$$D_{V6} = \frac{-V_\alpha - \frac{1}{\sqrt{3}} V_\beta}{\frac{2}{3} V_{BAT}}$$

$$D_{V7} = \frac{1 - D_{V2} - D_{V3}}{2}$$

$$D_A = D_{V7}$$

$$D_B = D_{V2} + D_{V3} + D_{V7}$$

$$D_C = D_{V3} + D_{V7}$$

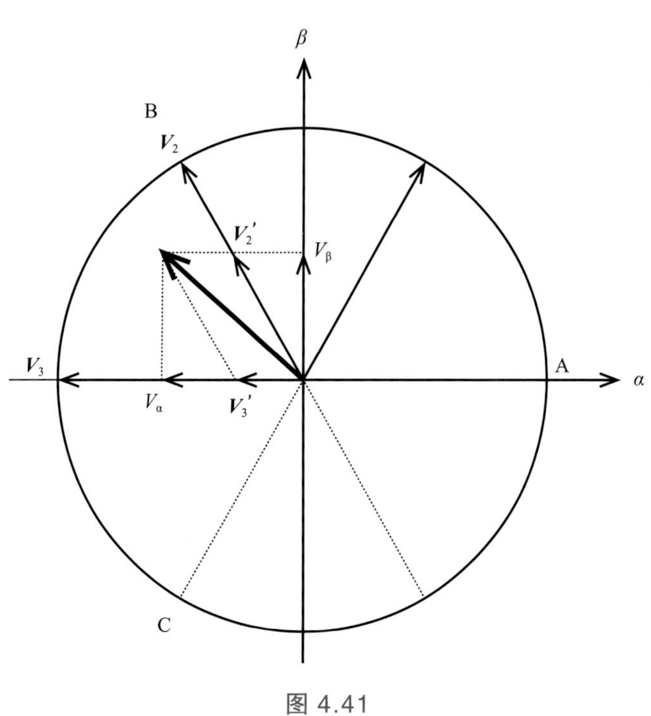

图 4.41

扇区 4 的情况如图 4.42 所示。扇区 4 与扇区 3 关于轴对称，此时 V_β 为负值，由此可得：

$$V_3' = -V_\alpha + \frac{1}{\sqrt{3}}V_\beta$$

$$V_1' = -\frac{2}{\sqrt{3}}V_\beta$$

$$D_{V3} = \frac{-V_\alpha + \frac{1}{\sqrt{3}}V_\beta}{\frac{2}{3}V_{BAT}}$$

$$D_{V1} = \frac{-\frac{2}{\sqrt{3}}V_\beta}{\frac{2}{3}V_{BAT}}$$

$$D_{V7} = \frac{1 - D_{V3} - D_{V1}}{2}$$

$$D_A = D_{V7}$$

$$D_B = D_{V3} + D_{V7}$$

$$D_C = D_{V1} + D_{V3} + D_{V7}$$

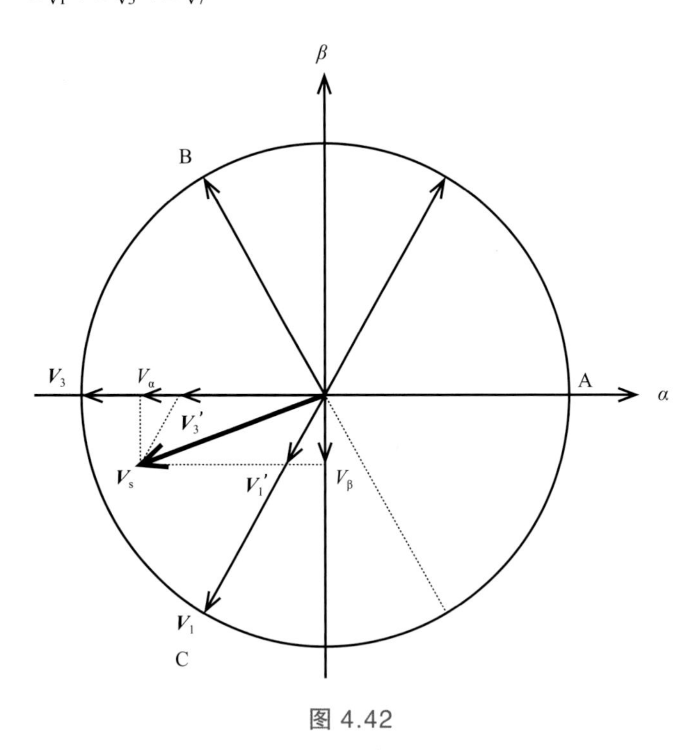

图 4.42

扇区 5 的情况如图 4.43 所示。扇区 5 与扇区 2 关于 α 轴对称，此时 V_β 是负值，由此可得：

$$\boldsymbol{V}_1' = \frac{V_\beta}{\sqrt{3}} - V_\alpha$$

$$\boldsymbol{V}_5' = -\frac{V_\beta}{\sqrt{3}} + V_\alpha$$

$$D_{V1} = \frac{-\dfrac{V_\beta}{\sqrt{3}} - V_\alpha}{\dfrac{2}{3}V_{BAT}}$$

$$D_{V5} = \frac{-\dfrac{V_\beta}{\sqrt{3}} - V_\alpha}{\dfrac{2}{3}V_{BAT}}$$

$$D_{V7} = \frac{1 - D_{V1} - D_{V5}}{2}$$

$$D_A = D_{V5} + D_{V7}$$

$$D_B = D_{V7}$$

$$D_C = D_{V1} + D_{V5} + D_{V7}$$

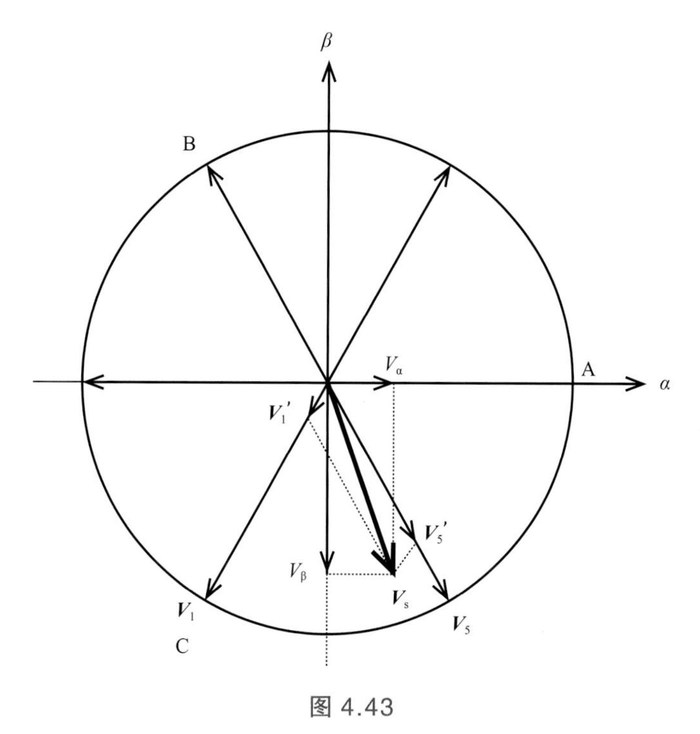

图 4.43

扇区 6 的情况如图 4.44 所示。扇区 6 与扇区 1 关于 α 轴对称，V_β 非正值，可以使用扇区 1 的计算方式：

$$V_5' = -\frac{2}{\sqrt{3}}V_\beta$$

$$V_4' = V_\alpha + \frac{1}{\sqrt{3}}V_\beta$$

$$D_{V5} = \frac{-\frac{2}{\sqrt{3}} - V_\beta}{\frac{2}{3}V_{BAT}}$$

$$D_{V4} = \frac{V_\alpha + \frac{1}{\sqrt{3}}V_\beta}{\frac{2}{3}V_{BAT}}$$

$$D_{V7} = \frac{1 - D_{V5} - D_{V4}}{2}$$

$$D_A = D_{V4} + D_{V5} + D_{V7}$$

$$D_B = D_{V7}$$

$$D_C = D_{V5} + D_{V7}$$

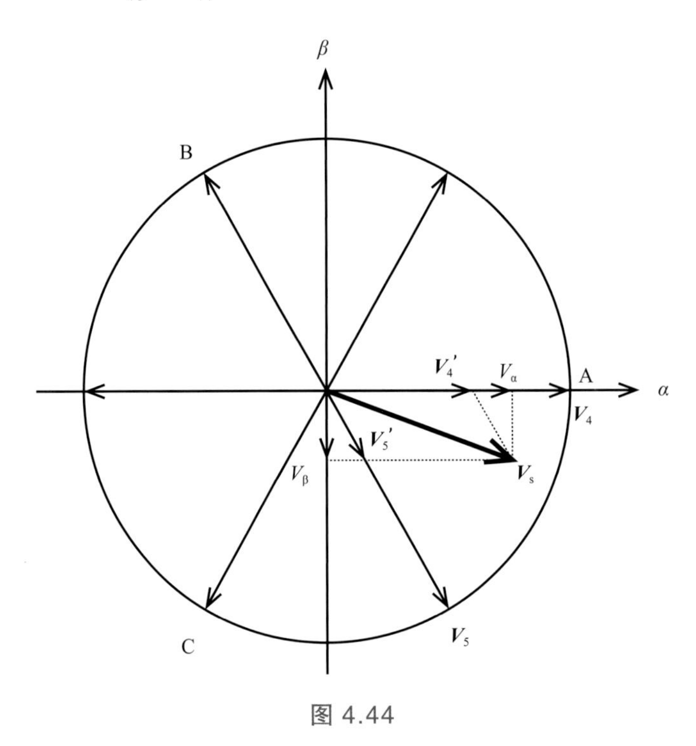

图 4.44

4.2.7 启动算法

无感启动算法是无感 FOC 最关键、难度最大的部分，也是当前的研究热点，但进展似乎不大。学习高性能启动算法，最好先掌握无感方波启动算法。

除了高频注入能够在静止时持续跟踪转子位置，其他算法本质上仍然是盲启，无论是反电动势法还是磁链估计，乃至 VESC 的启动算法，必须超过某个速度阈值后才能正常工作。

作为初学者，最好的选择是三步启动算法，以免在高性能启动算法上走火入魔，因为它不是短期可以掌握的。采用三步启动算法，初学者可以很好地观察无感 FOC 的整个工作过程，通过测试相关波形来加深理解，切莫轻视。

三步启动算法的基本流程是，先给定一个确定角度的电压矢量，利用一个恒定的电流强制转子对齐，待转子稳定后逐步旋转电压矢量，让转子开始旋转。随着转子越转越快，达到预定转速后，电机产生了足够大的反电动势，即正常进行位置估计。这时，就可以用位置估计信号取代先前的开环位置信号，进入无感 FOC 的正常工作状态。

4.2.8 无感位置估计算法（E_d=0，PLL控制）

无感位置估计算法有许多种，各有优劣，建议初学者把精力花在成熟可靠的算法上。对于技术论文所提出的新思路、新方法，可以作开阔眼界之用。第 1 章已对此作过比较和说明，这里采用电机稳态运行时 d 轴反电动势 $E_d = 0$ 的无感位置估计算法。其优点是低速特性比较好，反电动势波形正弦度要求比较低，电机适用性非常强。

锁相环控制是一种广泛应用的技术，如图 4.45 所示，它通过比较两个信号的相位得到相位差，然后对相位差进行 PI 调节，输出速度信号。之后，对速度进行积分得到相位信息，进而改变相位以消除相位差。这是一个反馈控制过程。积分有滤除高频噪声的作用，可以让位置信息更平滑、连续。可以看到，速度信息是由 PI 调节器直接给出的，不需要使用传统的位置差分方式来获取，非常方便。

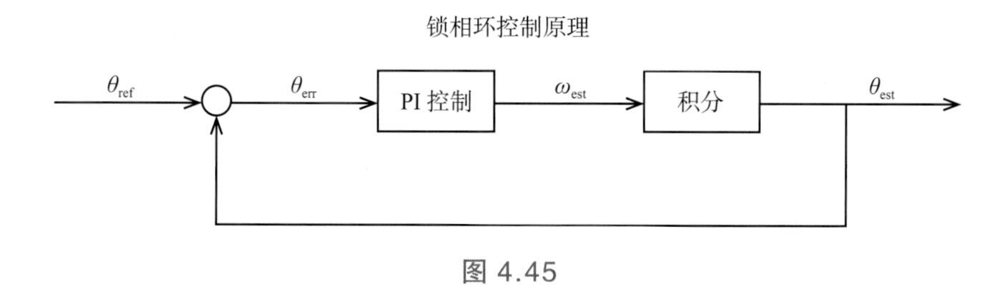

图 4.45

电机锁相环控制检测的是相位，但当电机转速改变，如变成 2 倍时，检测到的相位还是与之前相同，就会导致误同步。所以在电机锁相环的控制中，不光需要检测相位，还需要检测转速。反过来说，检测转速也可以判断电机运行正常与否，作为保护策略的判断依据。

如图 4.46 所示，d、q 坐标系是实际的转子位置，d_{est}、q_{est} 坐标系是算法估计的转子位置，转子旋转方向为逆时针方向，可见估计位置超前实际的位置，其误差为 θ_{err}（正值）。这时，q 轴反电动势 E 在估计的 d_{est} 轴上产生了一个分量 E_d，在 q_{est} 轴上产生了另一个分量 E_d。由于电机估计位置超前实际位置，E_d 为正值。

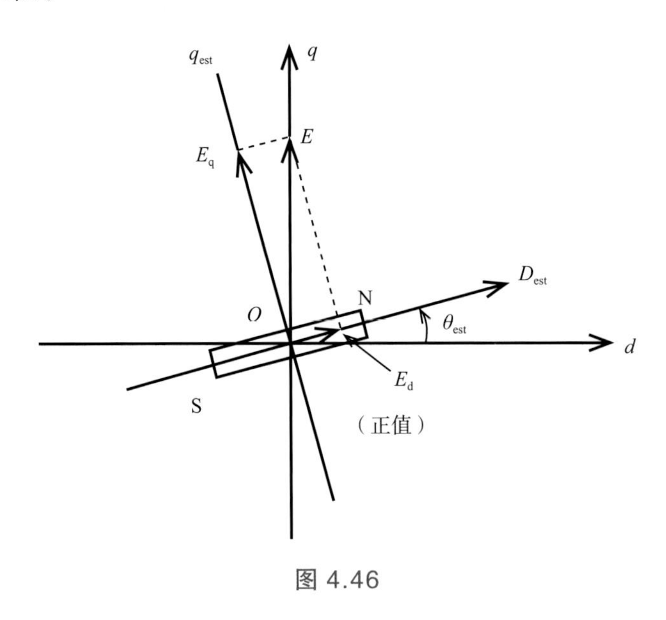

图 4.46

在图 4.47 中，转子的估计位置滞后于实际位置，E_d 为负值。

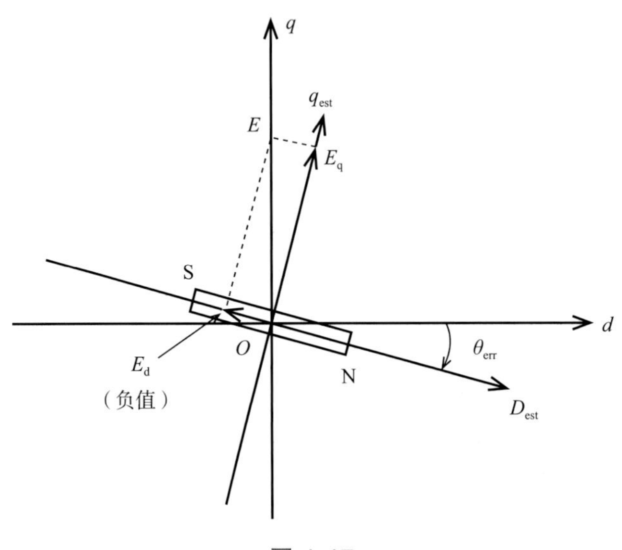

图 4.47

根据电机学的原理，可以得到以下方程[1)]：

$$V_d = R \times I_d - \omega \times L \times I_q$$
$$V_q = R \times I_q - \omega \times L \times I_d + E$$

式中，R 为电机相电阻；L 为电机相电感（对于本书配套的表贴型无刷电机，可以认为 $L_d = L_q$）；ω 为电机转速；E 为反电动势。

变换为 d–q 旋转坐标系是为了使用线性 PI 调节器来调节电流，而一般的位置估计算法都是在 α–β 静止坐标系内进行的，因为它不需要旋转的角度。

当估计位置与实际位置有误差时，d 轴上会出现反电动势分量 E_d：

$$V_d = R \times I_d - \omega \times L \times I_q + E_d$$
$$E_d = V_d - R \times I_d + \omega \times L \times I_q$$

又因为

$$E_d = E \times \sin\theta_{err}$$

且有

$$E = V_q - R \times I_q - \omega \times L \times I_d$$

故有

$$\sin\theta_{err} = \frac{E_d}{E} = \frac{V_d - R \times I_d + \omega \times L \times I_q}{V_q - R \times I_q - \omega \times L \times I_q}$$

所以

$$\theta_{err} = \sin^{-1}\left(\frac{V_d - R \times I_d + \omega \times L \times I_q}{V_q - R \times I_q - \omega \times L \times I_q}\right)$$

对于较小的角度误差，$\sin\theta \approx \theta$。为了简化计算、加快执行速度，实际例程直接作如下计算：

$$\theta_{err} = -\frac{V_d - R \times I_d + \omega \times L \times I_q}{V_q - R \times I_q - \omega \times L \times I_q}$$

请注意右式前的符号，表示要根据误差的正负进行反向调节。

图 4.48 所示为本书例程的锁相环位置估计框图。目的是让转子的实际角度与估计角度一致，所以控制算法的参考值为 0，即零误差。参考值与测量值

1）不必纠结是如何得来的，先接受，待条件合适时再深入研究也不迟。

θ_{err}相减得到误差值error，误差值通过PI调节后输出估计速度ω_{est}。接着，对估计速度进行积分运算，就得到了估计位置，由此构成闭环控制系统。由图可见，锁相环系统可以直接输出速度估计值。而且，得益于积分的作用，估计速度和估计位置都比较平滑，无毛刺。

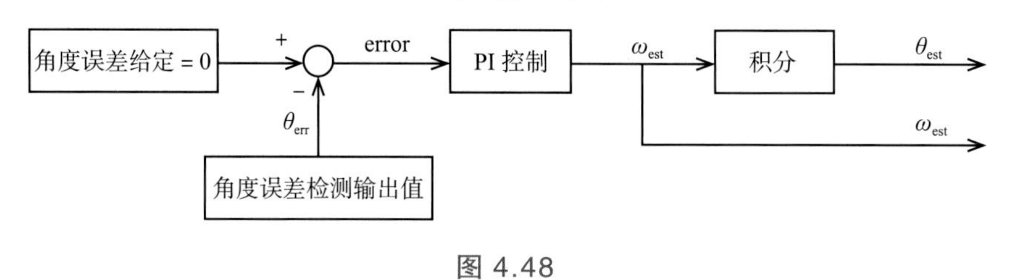

图4.48

第 5 章　无感 FOC 编程实践

就像建房子一样，前几章打好了地基，现在按照施工图构建完整的房子了。在这一章，我们将循序渐进、边构建边测试，实际构建一个完整的无感 FOC 程序。

本章要达成的目标：在连接好电机（空载）和驱动板后接通 12V 稳压电源，最小系统板上的红色 LED 将会每 0.5s 闪烁一次，提示用户系统进入待机状态；按下 USER1 按钮开关后，电机通以一个斜坡电流进行对齐操作，随后逐步加速，进入强拖状态；到达预定转速后，系统转入正常的无感运行状态，红色 LED 保持常亮。最后，可以通过旋转电位器来调节电机转速。

为了防止过流，例程对调速作了简单的慢速线性跟踪，防止电机从加速状态转入无感运行状态时，由于电位器置于较大值而出现瞬间加速甚至失步。

在运行阶段，再次按下 USER1 按钮开关，电机结束运行，红色 LED 再次以 0.5s/ 次的频率闪烁，提示可以再次按下启动按钮开关。

例程中加入了简单的堵转保护功能。当加速阶段结束、转入无感运行或电机转速较低时，用手捏住电机转子，按下启动按钮开关 USER1 后，电机会经历对齐、强拖加速。待切换到无感状态时，堵转保护功能被激发，自动进入待机模式， LED 每 0.5s 闪烁一次，等待下一次启动。

整个无感 FOC 算法都放在 20kHz PWM 的中断中执行，即每 50μs 执行一次，执行时间大约 36μs，如图 5.1 所示（未开优化，优化级别 Level 0，点击魔法棒按钮后弹出的对话框里的 C/C++ 选项卡）。

无感 FOC 算法的执行流程如图 5.2 所示。

下面分别对执行流程各步骤进行详细说明。注意，出于讲解代码和测试波形的需要，可能会增删代码，故截图代码行号可能与例程不一致，请把注意力放在代码含义的理解上。

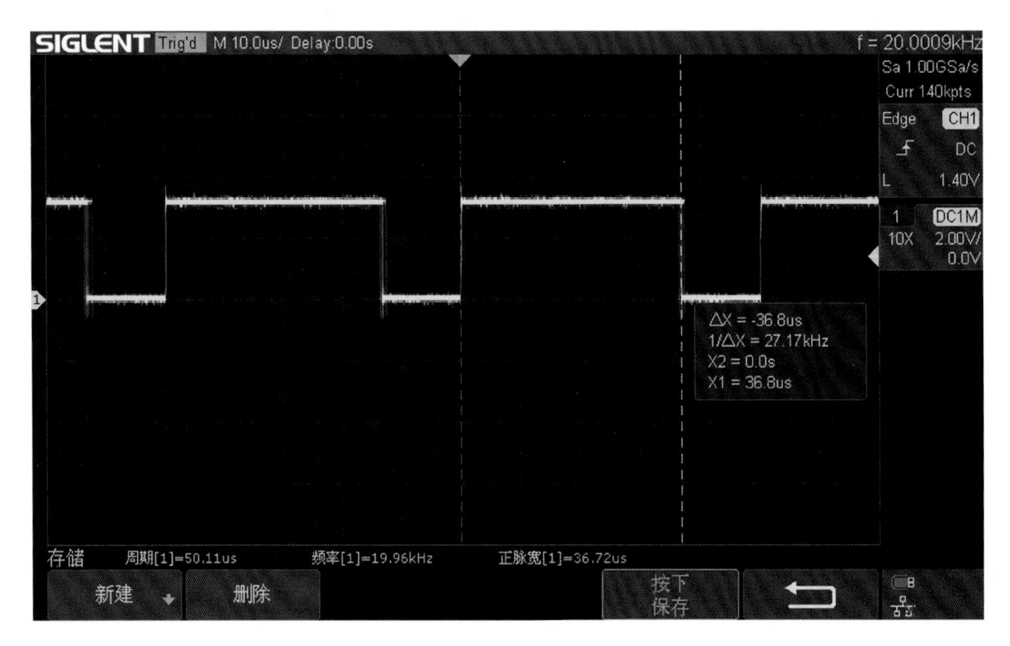

图 5.1

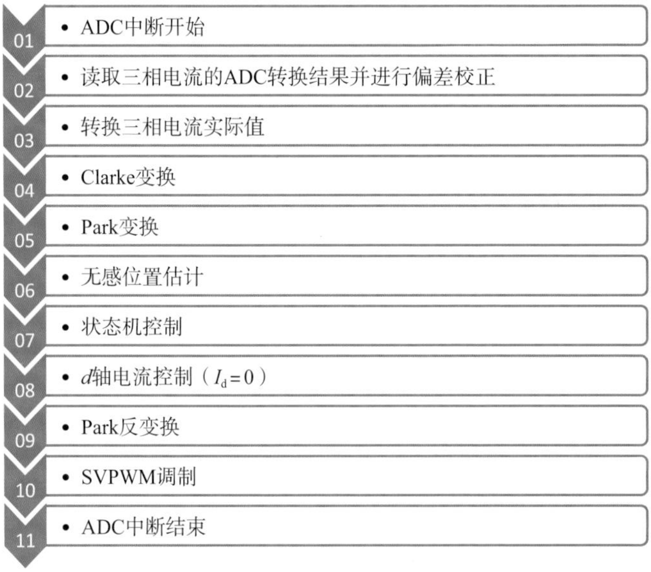

01 • ADC中断开始
02 • 读取三相电流的ADC转换结果并进行偏差校正
03 • 转换三相电流实际值
04 • Clarke变换
05 • Park变换
06 • 无感位置估计
07 • 状态机控制
08 • d轴电流控制（$I_d=0$）
09 • Park反变换
10 • SVPWM调制
11 • ADC中断结束

图 5.2

5.1 读取三相电流的ADC转换结果

为了获取电机定子三相绕组的电流，使用电子元器件组成的放大和偏置电路对采样电阻上的电压进行处理。本书采用低边三电阻采样方式读取三相电流。考虑到电子元器件参数一致性问题，有必要对采样电路进行校正。校正原理是，待控制板上电稳定后，在没有电流的情况下，通过 ADC 转换三路电流值，以 8 次连续采样的平均值作为基准值。此校准只需上电时进行一次。

为此编写 get_current_offset() 函数，如图 5.3 所示。为了让此函数与 ADC 中断同步，添加标志 adc_isr_flag，该标志在每次 ADC 中断中都会被置 1。校准完毕后，将 opa_cali_flag 置 1。

```
349 void get_current_offset (void)
350 {
351     uint16_t    sum_a, sum_b, sum_c;
352     uint16_t    cnt;
353
354     adc_isr_flag = 0;
355     opa_cali_flag = 0;
356
357     sum_a = 0;
358     sum_b = 0;
359
360     for (cnt = 0; cnt < 8; cnt++)
361     {
362         while ( !adc_isr_flag );
363         adc_isr_flag = 0;
364
365         sum_a += XMC_VADC_GROUP_GetResult(VADC_G0, 0);
366         sum_b += XMC_VADC_GROUP_GetResult(VADC_G0, 3);
367         sum_c += XMC_VADC_GROUP_GetResult(VADC_G0, 4);
368     }
369
370     ia_offset = sum_a >> 3;
371     ib_offset = sum_b >> 3;
372     ic_offset = sum_c >> 3;
373
374     opa_cali_flag = 1;
375
376     delay_ms (10);
377 }
```

图 5.3

如图 5.4 所示，添加语句 adc_isr_flag=1; 作为同步动作信号。一旦校准动作完成，便可根据 opa_cali_flag 在 ADC 中断中是否置 1，决定是否执行无感 FOC 算法。

```
main.c*
61 //*****************************************************************************
62 void CCU80_0_IRQHandler (void)
63 {
64     XMC_GPIO_SetOutputHigh(XMC_GPIO_PORT1, 2);
65     XMC_GPIO_SetOutputHigh(XMC_GPIO_PORT1, 3);
66     __NOP(); __NOP(); __NOP(); __NOP(); __NOP();
67     __NOP(); __NOP(); __NOP(); __NOP(); __NOP();
68     __NOP(); __NOP(); __NOP(); __NOP(); __NOP();
69     __NOP(); __NOP(); __NOP(); __NOP(); __NOP();
```

图 5.4

```
70      XMC_GPIO_SetOutputLow(XMC_GPIO_PORT1, 2);
71  }
72  //***************************************************************************
73  void VADC0_G0_0_IRQHandler (void)
74  {
75      adc_isr_flag = 1;
76
77      vadc_ia   = XMC_VADC_GROUP_GetResult(VADC_G0, 0);
78      vadc_ib   = XMC_VADC_GROUP_GetResult(VADC_G0, 3);
79      vadc_ic   = XMC_VADC_GROUP_GetResult(VADC_G0, 4);
80      vadc_vpot = XMC_VADC_GROUP_GetResult(VADC_G0, 6);
81
82      if (opa_cali_flag)
83      {
84          // foc algorithm
85      }
86
87      XMC_GPIO_SetOutputLow(XMC_GPIO_PORT1, 3);
88  }
```

续图 5.4

在 ADC 完成初始化和中断使能的动作后，即可执行电流校准函数，如图 5.5、图 5.6 所示。

```
main.c
392
393     //--------------------------------------------------------------
394     adc_isr_flag = 1;
395
396     //--------------------------------------------------------------
397     XMC_GPIO_Init(P1_2, &OUTPUT_strong_sharp_config);
398     XMC_GPIO_Init(P1_3, &OUTPUT_strong_sharp_config);
399
400     XMC_GPIO_Init(P14_8, &user_switch_read_config);     // USER0 SW
401     XMC_GPIO_Init(P14_9, &user_switch_read_config);     // USER1 SW
402
403     //--------------------------------------------------------------
404     CCU80_init ();
405
406     //--------------------------------------------------------------
407     ADC_init ();
408     NVIC_EnableIRQ(VADC0_G0_0_IRQn);
409
410     //--------------------------------------------------------------
411     get_current_offset ();
412
413     //--------------------------------------------------------------
414     while (1)
415     {
416
417     }
418 }
```

图 5.5

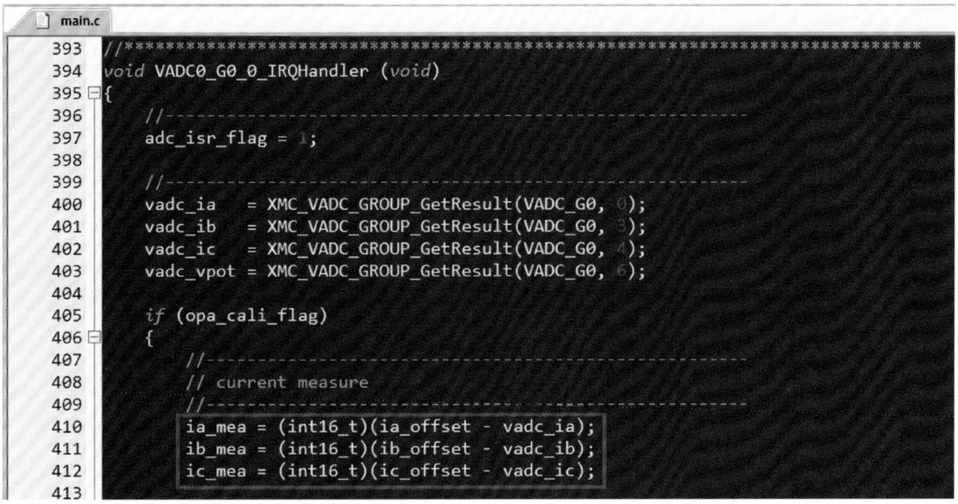

```
main.c
393 //*****************************************************************************
394 void VADC0_G0_0_IRQHandler (void)
395 {
396     //---------------------------------------------------------------------
397     adc_isr_flag = 1;
398 
399     //---------------------------------------------------------------------
400     vadc_ia   = XMC_VADC_GROUP_GetResult(VADC_G0, 0);
401     vadc_ib   = XMC_VADC_GROUP_GetResult(VADC_G0, 3);
402     vadc_ic   = XMC_VADC_GROUP_GetResult(VADC_G0, 4);
403     vadc_vpot = XMC_VADC_GROUP_GetResult(VADC_G0, 6);
404 
405     if (opa_cali_flag)
406     {
407         //-----------------------------------------------------------------
408         // current measure
409         //-----------------------------------------------------------------
410         ia_mea = (int16_t)(ia_offset - vadc_ia);
411         ib_mea = (int16_t)(ib_offset - vadc_ib);
412         ic_mea = (int16_t)(ic_offset - vadc_ic);
413 
```

图 5.6

5.2 计算三相电流实际值

采样电阻的阻值为 10mΩ，运放的放大倍数为 10，ADC 的参考电压为 3.3V，分辨率为 12 位，由此可知最大采样电流 I_{MAX} 为

$$I_{\text{MAX}}=\frac{\frac{3.3\text{V}}{2}}{10\text{m}\Omega\times 10}=16.5\text{A}$$

ADC 转换的数值和实际电流的比值为

$$16.5\div 2048=0.00805664062\ (\text{A}/\text{位})$$

于是，有

$$i=(\text{abc\_val}-\text{offset})\times 0.00805664062$$

考虑到采样电压其实是负值，所以上式实际上应该为

$$i=(\text{offset}-\text{abc\_val})\times 0.00805664062\ (\text{A})$$

因此，三相电流的实际值如图 5.7 所示。注意，小数值的后面记得加上 f！

```
//----------------------------------------------------------
// current measure
//----------------------------------------------------------
ia_mea = (int16_t)(ia_offset - vadc_ia);
ib_mea = (int16_t)(ib_offset - vadc_ib);
ic_mea = (int16_t)(ic_offset - vadc_ic);

ia_mea_f = (float)ia_mea * 0.00805664062f;
ib_mea_f = (float)ib_mea * 0.00805664062f;
ic_mea_f = (float)ic_mea * 0.00805664062f;
```

图 5.7

为了观察三相电流的实际波形，添加 J-Scope 显示变量，如图 5.8 所示。

```
//============================================================
// JSCOPE debugger
varbuf.var1 = ia_mea_f;
varbuf.var2 = ib_mea_f;
varbuf.var3 = ic_mea_f;
varbuf.var4 = 0;

SEGGER_RTT_Write (1, &varbuf, sizeof(varbuf));
//============================================================
```

图 5.8

接下来，打开 J-Scope 软件，点击红色的采集按钮开始采样，便会弹出图 5.9 所示对话框，点击“Reset&Start”按钮。要特别注意，这一点击会导致电机重启，大电流和快速旋转时禁止点击！点击前务必将电机短暂置于低电流！

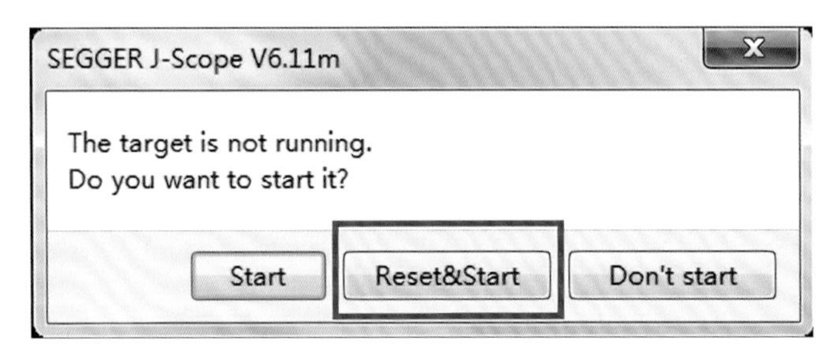

图 5.9

选择一个反电动势较大的电机接到驱动板，然后在电机轴上缠上一根细绳，拉动电机轴按正方向旋转，这时三相电流波形就会出现在 J-Scope 显示区，如图 5.10 所示；如果反向拉动，波形相位便会变化，如图 5.11 所示。

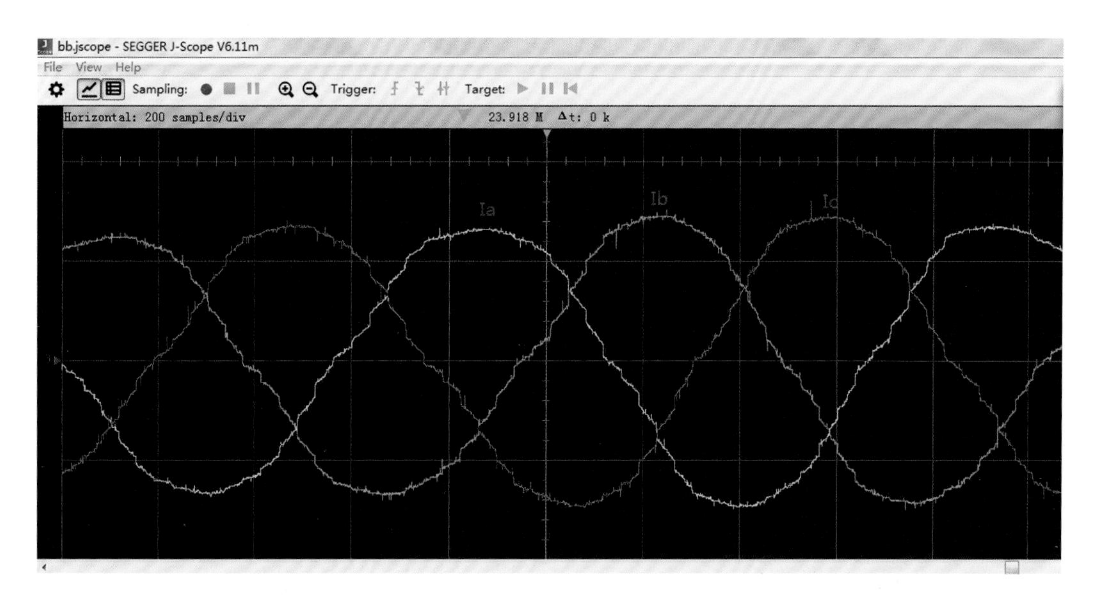

图 5.10

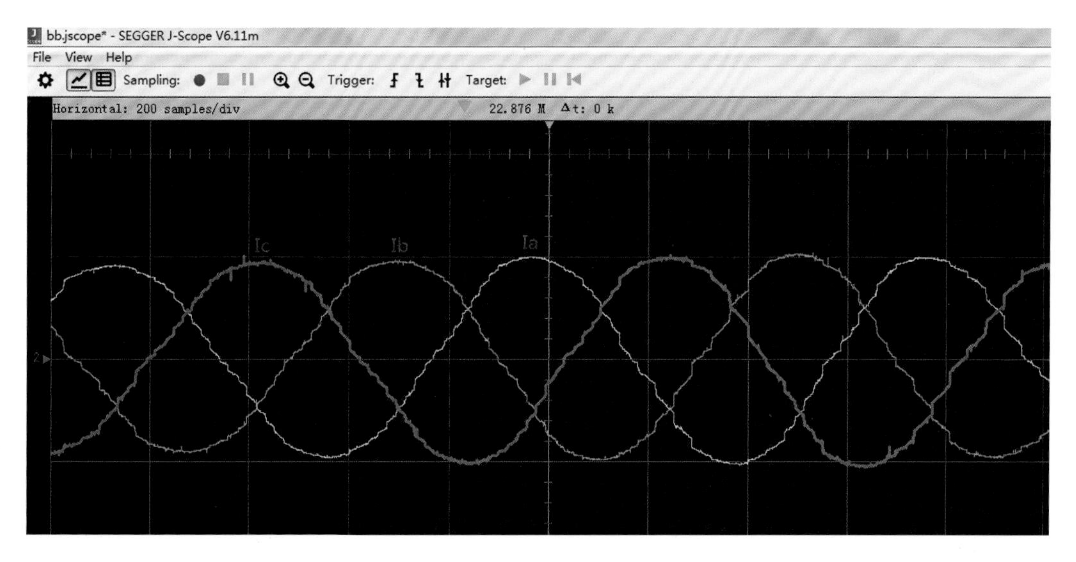

图 5.11

5.3 Clarke变换

现在，将三相定子电流由三相静止坐标系变换到两相静止坐标系。如图 5.12 所示，使用等幅值变换，系数为$\frac{2}{3}$。

为了减少计算时间，先直接填入已知的系数。例如$\frac{1}{\sqrt{3}}$，直接以小数值 0.5773502692f 填入。

```
ia_mea_f = (float)ia_mea * 0.00805664062f;
ib_mea_f = (float)ib_mea * 0.00805664062f;
ic_mea_f = (float)ic_mea * 0.00805664062f;

//-------------------------------------------------------
// clarke transform
//-------------------------------------------------------
// Ialpha = (2/3) * (Ia - Ib/2 - Ic/2)
Ialpha = 0.6666666667f * (ia_mea_f - 0.5f * (ib_mea_f + ic_mea_f));

// Ibeta = (1/sqrt(3)) * (Ib - Ic)
Ibeta = 0.5773502692f * (ib_mea_f - ic_mea_f);
```

图 5.12

按 5.2 节介绍的做法旋转电机轴，可以观察 I_a、I_b、I_c 和 I_α、I_β 的情况。首先添加 J-Scope 显示变量，如图 5.13 所示。

```
//============================================================
// JSCOPE debugger
varbuf.var1 = ia_mea_f;
varbuf.var2 = ib_mea_f;
varbuf.var3 = Ialpha;
varbuf.var4 = Ibeta;

SEGGER_RTT_Write (1, &varbuf, sizeof(varbuf));
//============================================================
```

图 5.13

如图 5.14 所示，可以观察到 I_a、I_b、I_c 和 I_α、I_β 的幅值几乎相当。Clarke 变换的等幅值变换就是如此，这非常有利于将来的整数计算。本书采用硬件浮点计算，读者可能没有特别的体会，以后会看到关于 Q 格式定点计算以及标幺化在整数计算中的作用。

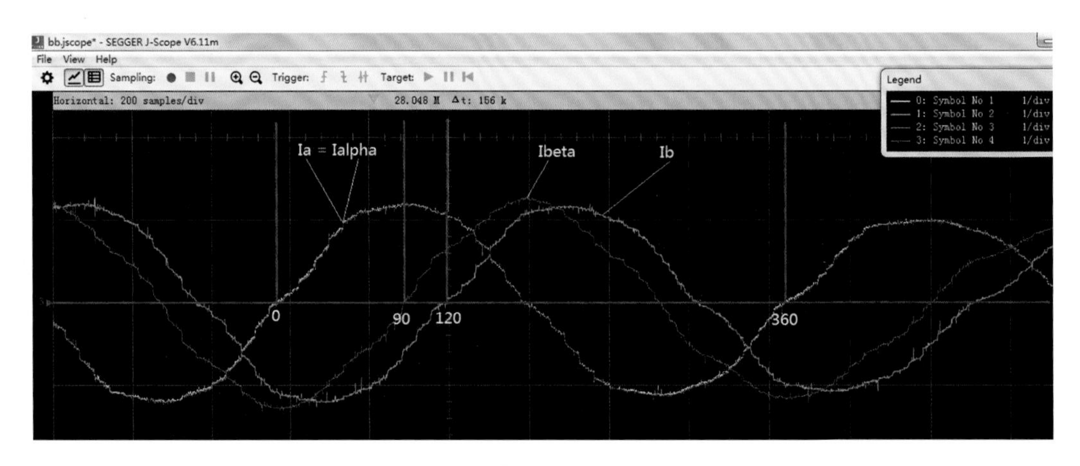

图 5.14

这里要关注的是，I_a 和 I_α 是重合的，I_β 比 I_α 滞后 90° 电角度。

5.4 Park变换

这一步要将两相静止坐标系转换为两相旋转坐标系，目的是将 d 轴与转子磁体 N 极轴线对齐，所以需要转子角度信息。代码如图 5.15 所示。

```
//--------------------------------------------------------
// clarke transform
//--------------------------------------------------------
// Ialpha = (2/3) * (Ia - Ib/2 - Ic/2)
Ialpha = 0.666666667f * (ia_mea_f - 0.5f * (ib_mea_f + ic_mea_f));

// Ibeta = (1/sqrt(3)) * (Ib - Ic)
Ibeta = 0.5773502692f * (ib_mea_f - ic_mea_f);

//--------------------------------------------------------
// Park transform
//--------------------------------------------------------
Id_mea =  arm_cos_f32( theta_est ) * Ialpha + arm_sin_f32( theta_est ) * Ibeta;
Iq_mea = -arm_sin_f32( theta_est ) * Ialpha + arm_cos_f32( theta_est ) * Ibeta;
```

图 5.15

三角函数的计算是非常消耗时间的，一般来说，有三种计算方式：

（1）使用表格，采取以空间换时间的策略，将已经计算好的正弦值存放在 Flash 中，使用时直接读取，这是速度最快的方式。

（2）使用外置的硬件协处理器，如 CORDIC 协处理器。

（3）硬算，这是最直接的方式，需要高速单片机。

本书使用 ARM CMSIS DSP 库中的三角函数来计算，但就算是 80MHz 的 XMC4100，也要花费不少的时间。由于初衷是让读者快速入门，对整个算法实现有清晰的认识，所以本书采用硬件浮点计算。行业应用还是倾向于整数计算，结合查表的方式来实现，以后如有机会，笔者再介绍如何用 M0 单片机实现高速无感 FOC 算法。

注意，本书中使用的角度单位是弧度（rad），角速度单位是弧度 / 秒（rad/s）。

上面的代码用 `theta_est` 表示估计角度。

现在的 Park 变换使用上一次中断中无感位置估计得到的估计角度。

5.5 Park反变换

暂且不讨论电流调节，先讨论Park反变换。记得先前的讨论是采样电流，现在是生成电压，最后再讨论电流调节。

代码如图5.16所示，同样使用ARM CMSIS DSP库中的三角函数。

本来，Park反变换之后会继续进行Clarke反变换。但是，一般会在SVPWM调制中直接使用Park反变换计算后的结果，相当于将Clarke反变换整合进去了，所以这里不直接使用Clarke反变换的形式。

```
//------------------------------------------------------
// inverse Park transform
//------------------------------------------------------
Valpha = arm_cos_f32(theta) * Vd - arm_sin_f32(theta) * Vq;
Vbeta  = arm_sin_f32(theta) * Vd + arm_cos_f32(theta) * Vq;
```

图5.16

5.6 SVPWM调制

这是许多初学者费解的地方。相关书籍没交代清楚基本知识，而且讲解有跳跃，特别是在讲解过程中掺入别的知识（如标幺化），有意无意地将问题复杂化了。

实现SVPWM的方法有多种，还有各种各样的改进形式，这里重点展现基本原理。

SVPWM函数的完整实现如图5.17～图5.20所示，读者可以参考前面的章节来理解。

```
//==========================================================================
void svpwm (void)
{
    //------------------------------------------------------------
    Va_abs  = fabs(Valpha);
    Vb3_abs = fabs(Vbeta * one_sqrt3);

    if ( (Valpha >= 0.0f) && (Vbeta >= 0.0f) && (Va_abs >= Vb3_abs) )
    {  //sect 1
        d4 = K_svpwm * (Valpha - one_sqrt3 * Vbeta) / Vbat;
```

图5.17

```
    d6 = K_svpwm * (     two_sqrt3 * Vbeta) / Vbat;
    d7 = (1.0f - (d4 + d6)) * 0.5f;

    da = d4 + d6 + d7;
    db =      d6 + d7;
    dc =           d7;
}

if ( (Vbeta > 0.0f) && (Va_abs <= one_sqrt3 * Vbeta) )
{  //sect 2
    d6 = K_svpwm * ( Valpha + one_sqrt3 * Vbeta) / Vbat;
    d2 = K_svpwm * (-Valpha + one_sqrt3 * Vbeta) / Vbat;
    d7 = (1.0f - (d6 + d2)) * 0.5f;

    da =      d6 + d7;
    db = d6 + d2 + d7;
    dc =           d7;
}
```

续图 5.17

```
if ( (Valpha <= 0.0f) && (Vbeta >= 0.0f) && (Va_abs >= Vb3_abs))
{  //sect 3
    d2 = K_svpwm * two_sqrt3 * Vbeta / Vbat;
    d3 = K_svpwm * (-Valpha - one_sqrt3 * Vbeta) / Vbat;
    d7 = (1.0f - (d2 + d3)) * 0.5f;

    da =           d7;
    db = d2 + d3 + d7;
    dc =      d3 + d7;
}

if ( (Valpha <= 0.0f) && (Vbeta <= 0.0f) && (Va_abs >= Vb3_abs) )
{  //sect 4
    d1 = -K_svpwm * two_sqrt3 * Vbeta / Vbat;
    d3 =  K_svpwm * (-Valpha + one_sqrt3 * Vbeta) / Vbat;
    d7 = (1.0f - (d3 + d1)) * 0.5f;

    da =           d7;
    db =      d3 + d7;
    dc = d3 + d1 + d7;
}
```

图 5.18

```
if ( (Va_abs <= -one_sqrt3 * Vbeta) )
{  //sect 5
    d1 = K_svpwm * (-Valpha - one_sqrt3 * Vbeta) / Vbat;
    d5 = K_svpwm * ( Valpha - one_sqrt3 * Vbeta) / Vbat;
    d7 = (1.0f - (d1 + d5)) * 0.5f;

    da =      d5 + d7;
    db =           d7;
    dc = d1 + d5 + d7;
}
```

图 5.19

```
    if ( (Valpha >= 0.0f) && (Vbeta <= 0.0f) && (Va_abs >= Vb3_abs) )
    {  //sect 6
        d4 =  K_svpwm * (Valpha + one_sqrt3 * Vbeta) / Vbat;
        d5 = -K_svpwm * two_sqrt3 * Vbeta / Vbat;
        d7 = (1.0f - (d4 + d5)) * 0.5f;

        da = d4 + d5 + d7;
        db =           d7;
        dc =      d5 + d7;
    }
```

续图 5.19

```
    //-----------------------------------------------------------------
    CCU80_CC80->CR1S = 2000 - (uint16_t)(2000 * da);
    CCU80_CC81->CR1S = 2000 - (uint16_t)(2000 * db);
    CCU80_CC82->CR1S = 2000 - (uint16_t)(2000 * dc);

    //-----------------------------------------------------------------
    CCU80->GCSS |= 0X00000111;

    //-----------------------------------------------------------------
}
//=====================================================================
```

图 5.20

为了方便判断，可以先计算 V_α、$\frac{1}{\sqrt{3}}V_\beta$ 的绝对值，再比较它们的大小。

以扇区 1 为例，d4 代表矢量 $\boldsymbol{V}_4$ 的占空比，d6 代表矢量 $\boldsymbol{V}_6$ 的占空比，d7 代表零矢量 $\boldsymbol{V}_7$ 的占空比，da、db、dc 分别代表 A、B、C 相高边 PWM 的占空比。

K_svpwm 来自于$\frac{2}{3}V_\beta$里的$\frac{2}{3}$，在占空比计算公式里取倒数后就变成了$\frac{3}{2}$，所以这里取 K_svpwm = 1.5。一定要记住，在浮点常数的后面加上 f。

根据三相中心对齐 PWM 构成 SVPWM 的原理，可以得到对应的三相 PWM 占空比。前面讲解 CCU8 外设生成 PWM 信号时说过，占空比和对应的寄存器值是相反的。所以，当 PWM 周期为 2000 时，占空比就等于(2000–duty)。

最后一定要加入语句“CCU80->GCSS|=0X00000111;”，这样才能让新的占空比设定生效。

为了观测 SVPWM 的马鞍状波形，直接给定 V_d、V_q 的值，然后让 θ 以合适的角度增加，相当于形成一个旋转的确定速度、确定长度的电压矢量。

观察占空比变化的效果时，要去掉电机的连线，否则当电压矢量变大时会出现过电流。

如图 5.21 所示，第 603 行通过电位器给定 q 轴电压，因为

$$\frac{V_{\mathrm{BAT}}}{\sqrt{3}}=\frac{12\mathrm{V}}{\sqrt{3}}=6.92820323\mathrm{V}$$

所以取 6.92820323 这个数值就不会超过限制。

第 604 行：直接给定 d 轴电压为 0。

第 606 行：将 theta 递增，这里选取 0.0001f，让波形更细腻。

第 607 行：将 theta 范围限制在 2。

```
602     //--------------------------------------------------------
603     Vq = vadc_vpot * 6.0f / 4096.0f;
604     Vd = 0;
605
606     theta += 0.0001f;
607     if (theta >= TWO_PI)
608         theta -= TWO_PI;
609
610     //--------------------------------------------------------
611     // inverse Park transform
612     //--------------------------------------------------------
613     Valpha = arm_cos_f32(theta) * Vd - arm_sin_f32(theta) * Vq;
614     Vbeta  = arm_sin_f32(theta) * Vd + arm_cos_f32(theta) * Vq;
```

图 5.21

接下来，添加 J-Scope 显示变量，如图 5.22 所示。

```
//==========================================================
// JSCOPE debugger
varbuf.var1 = CCU80_CC80->CR1S;
varbuf.var2 = CCU80_CC81->CR1S;
varbuf.var3 = CCU80_CC82->CR1S;
varbuf.var4 = 0;

SEGGER_RTT_Write (1, &varbuf, sizeof(varbuf));
//==========================================================
```

图 5.22

最后运行 J-Scope，并将电位器由最小值旋转到最大值，效果如图 5.23 所示。记得注意最左边的波形起始位置，它不是从零开始的！

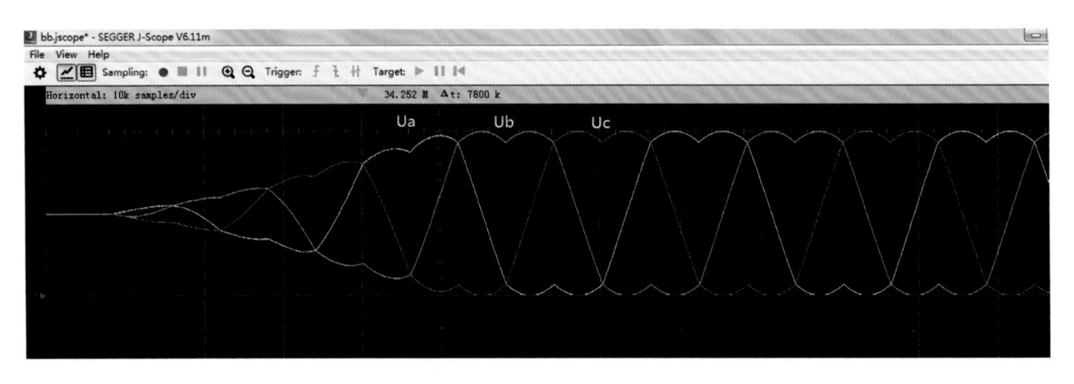

图 5.23

5.7 PI调节

读取三相电流，生成三相电压之后，我们需要在 d–q 坐标系内控制轴和轴电流，这时可以使用线性反馈控制器进行 PID 控制。当然，一般使用 PI 调节就能满足要求。

这里将轴电流控制在 0，而直接调节 q 轴电压。这里没有进行 q 轴电流调节，是考虑到 q 轴电流控制和 d 轴其实并无二致，可以使用同样的 PI 调节函数，内容上如此安排也没什么问题。况且，直接调节 q 轴电压非常方便直接，可以快速见效，有利于初学者找到成就感；也适用于一般的四旋翼飞行器，具有实用价值。对于飞行器螺旋桨控制，建议不使用速度环。

代码实现如图 5.24 所示。

第 123 行：`Id_err` 表示误差，`Id_err=Id_ref-Id_mea`。`Ki_d` 是积分增益，与 `Id_err` 相乘后累加到积分项 `sum_d`。误差的累积不可能无限进行，因为系统输出总是有限制的，输出达到最大时就会饱和。

第 124 ~ 134 行：功能是限幅，这里将积分项限制在 `V_LIMIT=6.0V`，因为最大输出就是 6.0V，前面已经解释过。由于输出极性有正有负，所以 `-V_LIMIT` 也要加以限制。

第 136 行：`Kp_d` 是比例增益，与 `Id_err` 相乘后形成比例项，是 PI 控制的主要成分。再与先前限幅后的积分项相加，构成 PI 输出。同样，比例项与积分项之和也要限幅，参见第 138 ~ 148 行。

PI 控制中有两个重要的参数，即 `Kp_d` 和 `Ki_d`，本书设定如下：

```
Kp_d=0.04f;

Ki_d=0.02f;
```

```
121 void d_axis_current_loop (void)
122 {
123     sum_d += Ki_d * Id_err;
124     if (sum_d > V_LIMIT)
125     {
126         sum_d = V_LIMIT;
127     }
128     else
129     {
130         if (sum_d < (-V_LIMIT))
131         {
132             sum_d = -V_LIMIT;
133         }
134     }
135 
136     Vd = sum_d + Kp_d * Id_err;
137 
138     if (Vd > V_LIMIT)
139     {
140         Vd = V_LIMIT;
141     }
142     else
143     {
144         if (Vd < (-V_LIMIT))
145         {
146             Vd = -V_LIMIT;
147         }
148     }
149 }
```

图 5.24

这些参数与电机的相电阻、相电感、采样周期、响应频率等都有关系，通过这些参数设定，可以获得快速无超调的电流阶跃测试结果。

关于参数设定，一般可以通过理论计算或实际调试来获得理想性能。不过，反馈控制理论不在本书讨论范围内，这方面可以参考相关书籍。

对于想体验实际调试效果的读者，这里提供一个简单的调试思路。

制作一个具备串口输出和两路电位器输入的单片机最小系统，一路电位器提供 10 位数值作比例增益给定，另一路电位器提供 10 位数值作积分增益给定。

刚开始，比例增益和积分增益都调为 0，两路数据通过串口每隔一段时间（如 10ms）发送到驱动器母板上的单片机，驱动器母板上的单片机读取两路数值分别作为 PI 调节的比例和积分参数。

接着，驱动器给出一个快速的、电机无法响应的正负交替方波电流指令 I_d，$V_q=0$，通过 J-Scope 实时显示命令值和测量值。

先逐步加大比例增益，然后加大积分增益，反复耐心调节，直到获得一个平滑、迅速、无超调稳定的非常漂亮的阶跃响应。

使用英飞凌官方提供的免费 uC/Probe 软件也能达到同样的效果，但手工调节对于初学者是不可多得的宝贵经历，可以加深对 PID 的理解。

下面，加入测试代码来观察电流 PI 调节效果，如图 5.25 所示。

```
603        //-----------------------------------------------
604        // current control
605        //-----------------------------------------------
606        if (++test_cnt == 200)
607        {
608            test_cnt = 0;
609
610            if (test_flag)
611            {
612                test_flag = 0;
613                Id_ref = -1.5f;
614            }
615            else
616            {
617                test_flag = 1;
618                Id_ref = 1.5f;
619            }
620        }
621
622        theta = 0;
623
624        Id_err = Id_ref - Id_mea;
625        d_axis_current_loop ();
626
627        Vq = 0.0f;
628        //-----------------------------------------------
```

图 5.25

电流阶跃信号是幅值为 1.5A 的正负相电流，周期为 200 × 50μs = 10ms 的方波信号，如图 5.26 所示。

可以看出，电流 PI 调节的跟踪性能非常不错，没有超调、振荡，响应快速。参考值为 1.5 时，测量值在 1.5 上下微微波动，这对于电感在 20μH 左右的无刷电机，算是不错了。

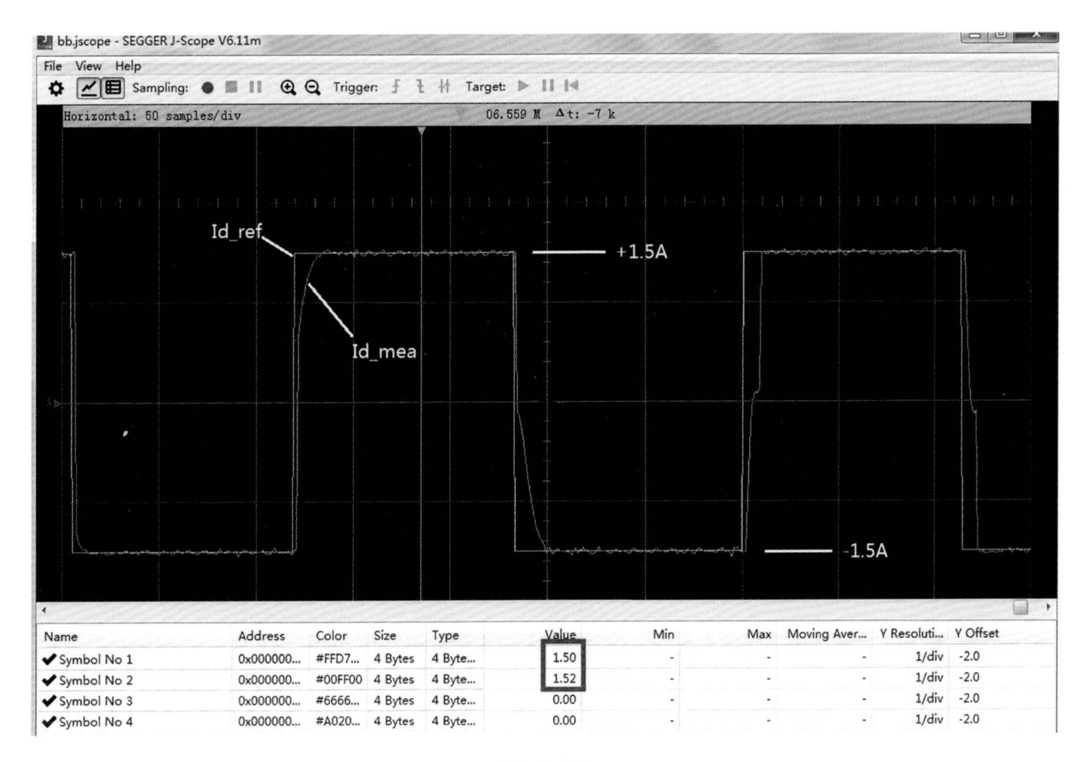

图 5.26

5.8 无感位置估计算法（PLL，$E_d = 0$）

具体的代码实现如图 5.27 所示，请结合前述讲解理解算法。

```
152  void position_estimate (void)
153  {
154      Ed = Vd - R * Id_mea + speed_est * L * Iq_mea;
155      Eq = Vq - R * Iq_mea - speed_est * L * Id_mea;
156
157      theta_err = (-Ed / Eq);
158      //-----------------------------------------------------------
159      if (theta_err_limit < theta_err)
160      {
161          theta_err = theta_err_limit;
162      }
163      else
164      {
165          if ( (-theta_err_limit) > theta_err )
166          {
167              theta_err = -theta_err_limit;
168          }
169      }
170      //-----------------------------------------------------------
171      sum_pll += Ki_pll * (theta_err);
172
173      speed_est = sum_pll + Kp_pll * theta_err;
174
```

图 5.27

```
175     theta_est = theta_est + speed_est * DELTA_T;
176
177     if (theta_est > TWO_PI)
178     {
179         theta_est -= TWO_PI;
180     }
181     else if (theta_est < 0.0f)
182     {
183         theta_est += TWO_PI;
184     }
185     //---------------------------------------------
186 }
```

续图 5.27

第 154 行：计算 d 轴反电动势，第 155 行计算 q 轴反电动势。R 为电机相电阻，L 为电机相电感，是用 LCR 电桥测量电机的任意两个端子得到的。但是，此时测量的是线电阻或线电感，除以 2 才能得到相电阻或相电感（默认星形接法）。speed_est 为上一次计算的速度值，单位为 rad/s。

第 157 行：比较特别，d 轴与 q 轴的反电动势比值为正弦函数，而求角度误差 theta_err 要使用反正弦函数，但考虑到速度计算的需要，这里没有使用反正弦函数。因为这里不需要求得角度的精确值，而是误差的大小程度，这个误差会被锁相环的闭环控制消除，所以假设它在一定的角度范围内是接近线性的，就和物理学中单摆运动的分析一样，在一个小误差范围内 $\sin\theta \approx \theta$。实际上，就算误差大一些，也能够正常运行，说明锁相环控制的稳定性还是相当不错的。

第 159 ~ 169 行：用来限制计算的角度误差范围，以 60° 为限，转换成弧度单位即为 $\frac{\pi}{3} = 1.047197551$（rad）。

第 171 行：将计算得到的角度误差值 theta_err 与锁相环积分增益 Ki_pll 相乘，然后累加到锁相环积分项 sum_pll。

第 173 行：将计算得到的角度误差值 theta_err 与锁相环比例增益 Kp_pll 相乘，与锁相环积分项相加后形成锁相环 PI 调节器的输出 speed_est，这就是速度估计值。

第 175 行：将速度估计值 speed_est 乘以采样时间 DELTA_T（即 0.00005s），再与上一次计算出来的位置估计值相加，得到当前的位置估计值 theta_est。

第 177 ~ 184 行：限制角度估计值的范围在 $[0, 2\pi]$。

考虑到应用笔记多以低速工业无刷电机作为控制对象，一般为 4 对极，最高转速在 4000 ~ 6000r/min，但读者普遍追求高速驱动，所以本书特别选用便宜的航模电机做高速控制。不过，这种电机出于轴承和动平衡的原因，运转噪声比较大，所幸能满足学习需要。Bilibili 上有使用动平衡相当优秀的银燕无刷电机的演示视频，由于使用了日本进口轴承，轴转速可以驱动到 25000 r/min 以上，但只能听到呼呼的风声。

锁相环 PI 控制器里的参数要针对高速驱动进行设定：

```
Kp_pll=1000.0

Ki_pll=10.0
```

注意：上面的设定值并非唯一的，也不需要特别精确。

5.9 状态机控制

无刷电机的运行状态可以分为上电后待机、按下启动按钮后对齐、强拖加速、无感 FOC 4 个阶段，状态的改变或控制可以用有限状态机实现。

有限状态机通过扫描的方式，根据状态值选择某个特定功能程序。通常使用 switch 语句。下面根据功能逐一说明。

5.9.1 启停控制

上电后能够用按钮开关启动和停止电机是例程的设计目标之一。出于演示目的，在 main 函数的 while 循环中简单实现，以便让读者快速理解，不被杂念干扰。高可靠性开关读取往往需要硬件和软件的共同配合。硬件方面，电视机遥控器用的导电橡胶按钮开关比较不错，几乎无毛刺。此外，还要考虑开关在长期使用后的性能劣化。

如图 5.28 所示，在 `while(1)` 循环中添加 1ms 延时，不断采样开关的状态。注意，在没有中断的情况下，可以采用软件循环的方式获得所需的延时，但现在这里有中断，而且频率是每 50μs 一次，所以实际延时更长。所幸在这个场合下精度不是关键问题，够用就好。

```
876     //-----------------------------------------------------
877     while (1)
878     {
879         delay_ms (1);
880
881         if (XMC_GPIO_GetInput(XMC_GPIO_PORT14, 9) == 1)
882         {
883             delay_ms (50);
884
885             if (XMC_GPIO_GetInput(XMC_GPIO_PORT14, 9) == 1)
886             {
887                 while ( XMC_GPIO_GetInput(XMC_GPIO_PORT14, 9) );
888                 sw1_flag = 1;
889             }
890         }
891     }
892     //-----------------------------------------------------
893 }
```

图 5.28

在按钮开关 USER1 对应的 P14.9 引脚读取到高电平（按钮按下）之后，为了防止开关弹跳导致误动作，延时约 50ms 后再次读取该引脚状态，如果两次都是高电平，就表示按钮开关确实被按下了。通常来说，两次确认后就可以执行相应的按下动作，但为了防止开关粘死或人为长按不放，例程中特意加入了堵塞功能（第 887 行的 while 语句），即只有按下再放开时才有效。

每次确认开关按下之后，就将 sw1_flag 变量置 1。别的过程读取这一状态后，要及时将 sw1_flag 变量置 0，以利于下一次开关状态读取。

5.9.2 待 机

上电之后，可以用一个 LED 表示系统已处在待机状态，等待按钮 USER1 按下以启动电机。同时，也会听到电机发出微小的“沙沙”声，这是电流环工作时的声音。

代码实现如图 5.29 所示，整个 switch 语句通过变量 mode 来改变运行轨迹。mode 初始化值等于 0，表示待机。

第 448 ~ 462 行：让 LED 以 0.5s 一次的频率闪烁，提示系统处于待机状态。

第 464 行：用于关闭全部的 MOSFET。

第 466 行：要小心，因为后面还有 d 轴电流环在运行。这行语句用来清除积分项累加的误差和。

第 469 行：用来检测按钮 USER1 是否按下。如果按下，就启动电机运行，包括使能 CCU8 PWM 输出、关闭 LED 显示、更改状态变量值为 1，于是下次从 case 1 处执行。

```
438        switch (mode)
439        {
440            //-----------------------------------------------
441            // check user1 switch
442            //-----------------------------------------------
443            case 0:
444            {
445                //-------------------------------------------
446                if (++led_cnt == 10000)
447                {
448                    led_cnt = 0;
449
450                    if (led_flag)
451                    {
452                        led_flag = 0;
453                        XMC_GPIO_SetOutputLow(XMC_GPIO_PORT1, 3);
454                    }
455                    else
456                    {
457                        led_flag = 1;
458                        XMC_GPIO_SetOutputHigh(XMC_GPIO_PORT1, 3);
459                    }
460                }
461                //-------------------------------------------
462                if (sw1_flag)
463                {
464                    sw1_flag = 0;
465
466                    Id_ref = 0.0f;
467                    delay_cnt = 0;
468                    sum_d = 0.0f;
469
470                    CCU80_IO_PWM_init ();
471                    XMC_GPIO_SetOutputLow(XMC_GPIO_PORT1, 3);
472                    mode = 1;
473                }
474                //-------------------------------------------
475            }
476            break;
```

图 5.29

5.9.3 斜坡电流对齐

在电机启动前，我们无法得知转子的确切位置。这时，最简单的办法就是给电机通以方向确定的足够大的电流，以产生转矩，强制转子磁场与定子磁场对齐。待转子稳定后，就可以认为转子到达指定位置。

一般来说，对齐电流比较大。为了防止电流冲击和转子在指定位置左右摆动，我们使用斜坡电流逐渐加大转矩，这样转子对齐动作会更柔和。

对于给定方向的转矩，转子磁体上有两个点的受力为零。如图 5.30 所示，一个具备一定质量的圆盘，可以围绕 O 点自由旋转，圆盘边缘上的 B 点通过一根橡皮筋连接 C 点。根据经验，圆盘最终的状态是 B 点连接到 C 点的样子了，其中 B 点被称为“稳定平衡点”。当然，还可以旋转 180°，变成 A、C 两点相连的状态，其中 A 点称为“不稳定平衡点”。因为尽管圆盘不会转动，但只要稍微偏离 A 点，圆盘将会逆时针或顺时针朝 B 点靠近，并在 B 点来回摆动，最终停留在 B 点静止。

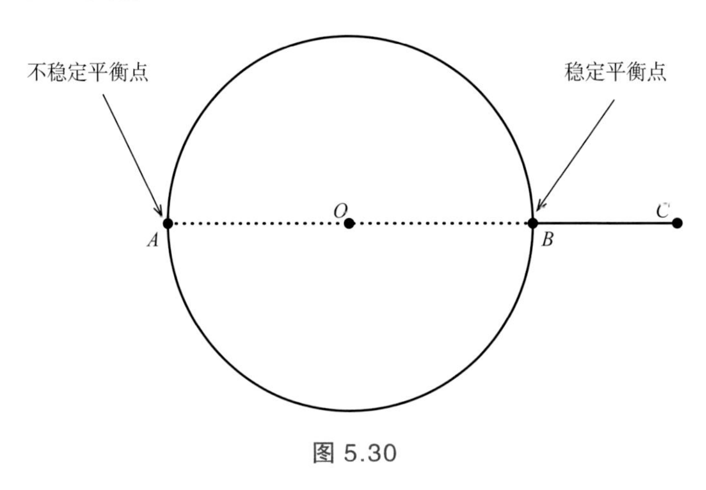

图 5.30

综上可知，一次强制定位并不可靠，往往需要第二次强制定位确保对齐。通常，第二次相对于第一次往往相差 120° 电角度。例如，像风机、螺旋桨这类低阻力应用，方波电调按正常的 60° 换相方式，就可以可靠拖动电机转子旋转来检测过零点启动。

代码实现如图 5.31 所示。看起来简单，但高性能无感方波启动算法的关键也蕴含其中。如有机会，笔者会在后续作品中分享高性能启动算法的研究过程。

第 489 行：将初始位置确定在 0° 电角度。

第 490 行：使用 d 轴电流对齐转子，实际上是让转子磁体的 N 极方向与 0° 电角度位置对齐。每次中断，电流递增 0.00005A，其实就是配合第 493 行的计数来完成 2s 对齐动作，电流从 0 开始，直至 2.0A。对齐完成后，变量 mode 的值为 2，进入强拖对齐状态。

若使用别的电机进行实验，读者可以更改对齐电流和对齐时间，原则是确保转子能可靠、准确地到达指定位置。

图 5.32 所示为通过 J-Scope 采集到的 I_d 斜坡电流，可见电流控制非常线性、准确。

```
484     //--------------------------------------------------------
485     // align
486     //--------------------------------------------------------
487     case 1:
488     {
489         theta = 0;
490         Id_ref += 0.000005f;
491         Vq = 0;
492
493         if (++delay_cnt >= 40000)    // lock time = 2s
494         {
495             delay_cnt = 0;
496             theta_inc = 0.0f;
497
498             mode = 2;
499         }
500     }
501     break;
```

图 5.31

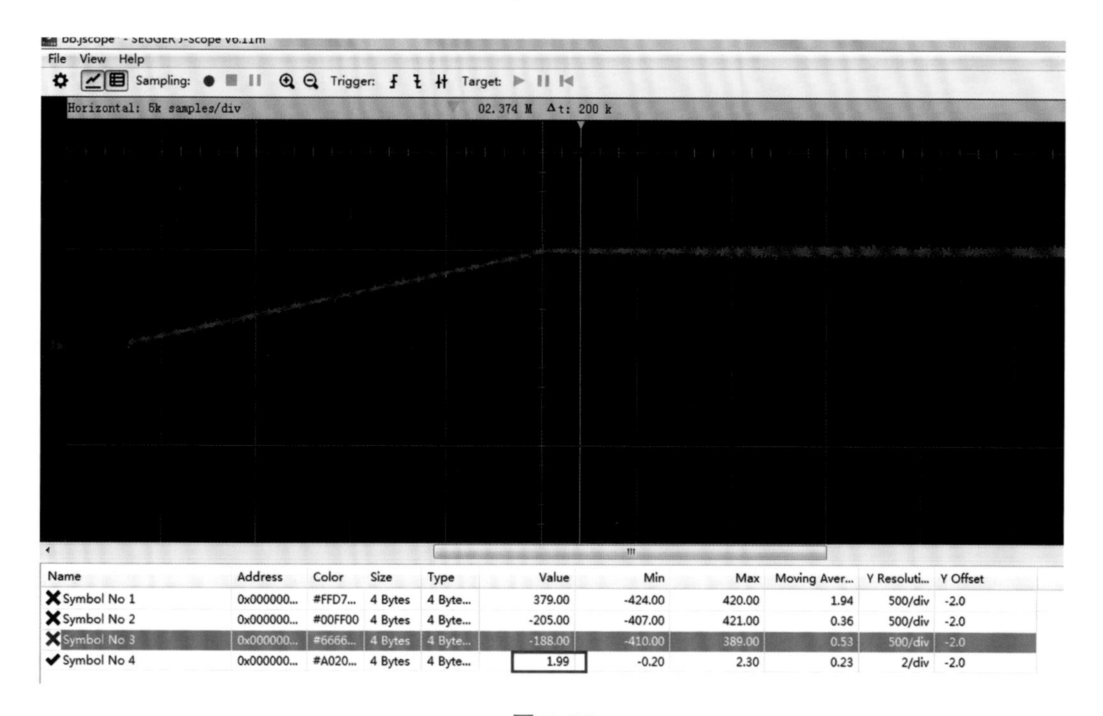

图 5.32

5.9.4 强拖加速

代码实现如图 5.33 所示。

第 508 行：确定角度递增的时间间隔，每次递增的角度 theta_inc = 0.001rad。

第 513 行：角度增量等于 0.03rad 时加速阶段结束，有足够的反电动势供无感位置估计算法得到稳定信号，可以转入 mode = 3 的无感运行阶段。

第 527 行：限制角度范围为 [0, 2π]。

```
503             //-----------------------------------------------
504             // ramp up
505             //-----------------------------------------------
506             case 2:
507             {
508                 if (++delay_cnt >= 2000)
509                 {
510                     delay_cnt = 0;
511 
512                     theta_inc += 0.001f;
513                     if (theta_inc >= 0.03f)
514                     {
515                         theta_inc = 0.03f;
516                         chk_cnt = 0;
517                         ramp_cnt = 0;
518                         ramp_val = 0;
519                         Eq = 0.0f;
520 
521                         XMC_GPIO_SetOutputHigh(XMC_GPIO_PORT1, 3);
522                         mode = 3;
523                     }
524                 }
525 
526                 theta += theta_inc;
527                 if (theta >= TWO_PI)
528                 {
529                     theta = 0.0f;
530                 }
531             }
532             break;
```

图 5.33

注意，上面的数值并不是通过计算得到的，通过简单的尝试就可以确定，这样就避免了转速上的繁杂折算，以免初学者受困于理论计算。

图 5.34 所示为通过 J-Scope 采集的加速波形，最上面的波形是 I_d 电流。细心的读者会发现，I_d 电流波形右侧出现了明显的纹波，这是因为速度升高导致反电动势变大，影响到了电流调节，毕竟此时的电流比较小。读者以后会发现，电机轻载运行时的电流并非书上描述的正弦波，原因是电流较小时受反电动势的影响比较大。这时，只需要用手轻轻捏住电机轴，增加一点负载转矩，电流就会变得正弦了。下面的 3 个波形是电机的三相电流波形。

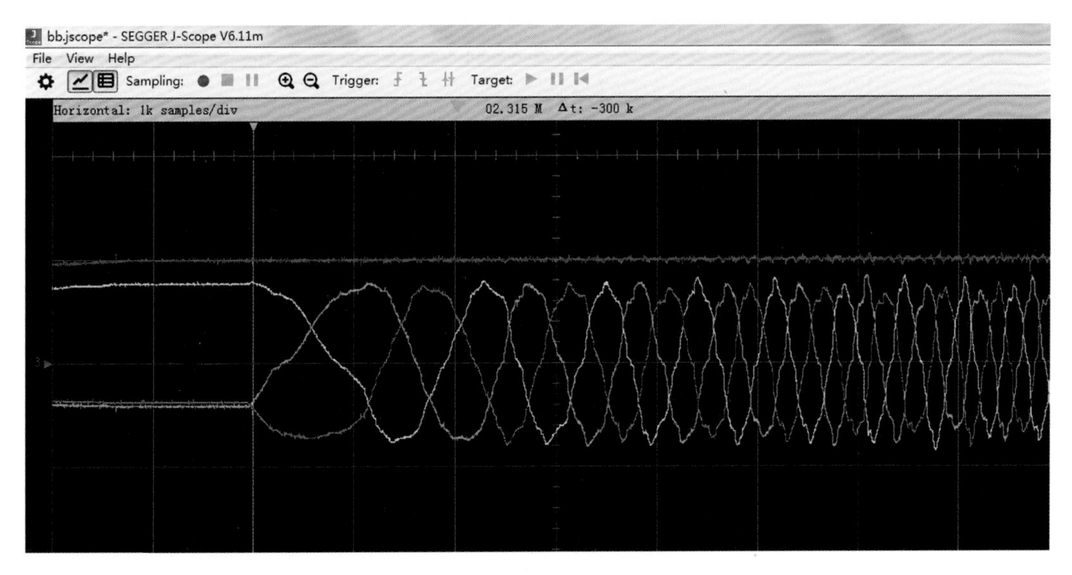

图 5.34

5.9.5 无感运行

无感运行的代码可以分成两部分，如图 5.35 和图 5.36 所示。

```
532            //-----------------------------------------------
533            // sensorless running
534            //-----------------------------------------------
535            case 3:
536            {
537                //-------------------------------------------
538                Id_ref = 0.0f;
539
540                if (++ramp_cnt == 50)
541                {
542                    ramp_cnt = 0;
543
544                    if (vadc_vpot > ramp_val)
545                    {
546                        ramp_val++;
547                    }
548                    else if (vadc_vpot < ramp_val)
549                    {
550                        ramp_val--;
551                    }
552                }
553
554                Vq = (395.0f + ramp_val * 3700.0f / 4095.0f) * 6.92820323f / 4096.0f;
555                //-------------------------------------------
556                theta = theta_est;
557
```

图 5.35

第一个部分将 `Id_ref` 设定为 0，由电位器直接调节 q 轴电压 V_q 来调速。为了防止过流和启动时突然大值给定，添加一个斜坡函数，斜率通过实际调试确定。为了防止电位器值为 0 时电机停转，又给 V_q 值添加了一个偏置，确保电机以最低的稳定速度运行。V_q 的最大值 6.92820323 由 $\dfrac{12\text{V}}{\sqrt{3}}$ 得来，因为我们要形成电压矢量圆，最大值只能是内切圆的半径。当然，此时是有 I_d 的电流调节，虽然 Id_ref 为 0，但 V_d 不一定为 0，因为电机实际上可以表现为电感。我们知道电感中的电流是滞后于电压的，为了让电机电流的相位正确，电压的相位就要相应提前，所以 V_d 不为 0。在实际应用中，其实还要检查 q 轴和 d 轴的合成矢量有没有超过限制。这里为了简单起见，省掉了这一过程，目的是专注于基本原理。

第二个部分，按下按钮开关 USER1 时电机停止，以及简单的保护功能。保护依据是电机堵转时速度为 0，而 q 轴反电动势与转速成正比，电位器电压为 0 时电机转速最低，实际测得的 E_q 值约为 0.5，所以选取 0.3 为判断阈值。在实际测试中，这个保护策略还是非常有效的，以至于连过流检测的一些电路元件都没有焊接。当然，仅以过流检测来判断是否保护并非最佳办法，但初学者可以先不关注这个问题。

进入无感运行阶段后，可以通过旋转电位器来调节电机转速。当电位器值最大时，电机轴转速可以超过 10000r/min。笔者实测的转速值为 11380r/min，如图 5.37 所示。

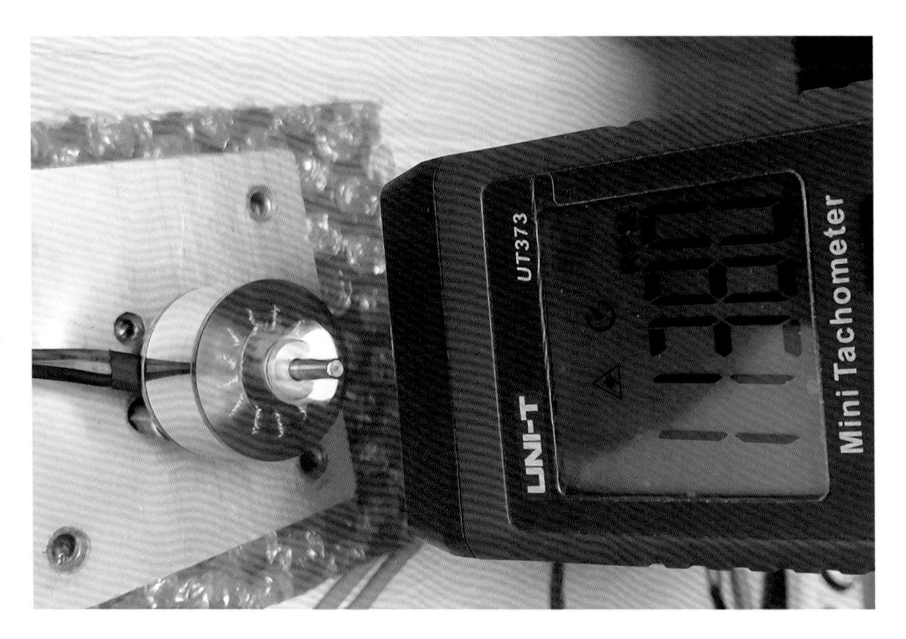

图 5.37

电机运行全过程的 J-Scope 采集波形如图 5.38 所示，从最初的待机、斜坡电流对齐、强拖加速到最后的无感运行。可以看到，电机进入无感运行后，电流显著减小。若用手指捏住电机轴，施加负载转矩，波形幅值将随之变大。Id_mea 在转入无感运行之后被 Id_ref 设定为 0。

最后，考虑到算法是介绍基本原理的实现，并没有使用数字滤波器，而是直接计算、直接控制，在电机高速运行时，因为采样点数的问题，在电机一个旋转周期内，PWM 周期的次数不多，位置波形、电流波形有点乱，读者可以在理解原理后，使用低转速的电机来观察相关变量。也许不久之后，会有机会介绍使用快速整数计算、基于 M0 核的单电阻采样的高速无感控制，到时候就会有平滑的电流波形、磁链波形以及锯齿波位置估计波形出现。

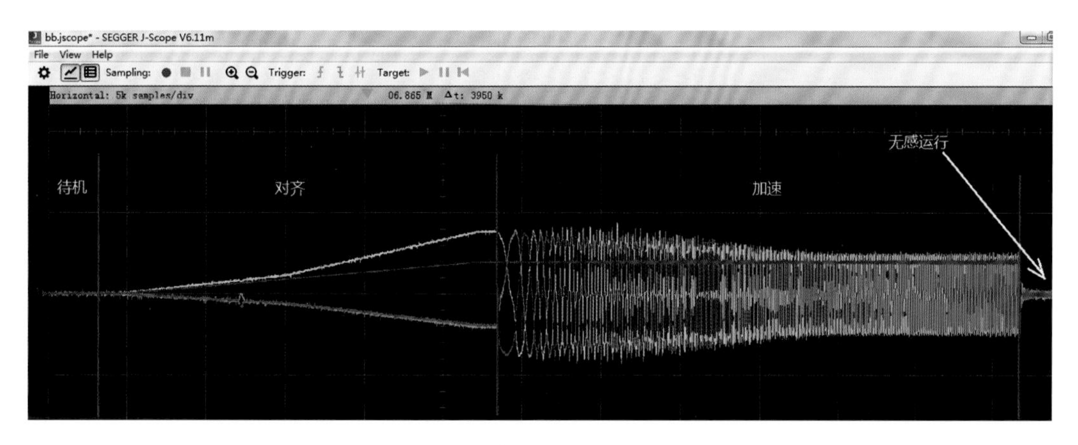

图 5.38

后　记

笔者的学习经验

大约在2000年，笔者还在上大学，偶然在《航空模型》杂志上看到了一篇日文翻译过来的自制无刷电机的文章，顿时兴趣盎然。2004年，笔者从一个玩模型的同事口中得知，航模界已经出现了无刷电机和无刷电调（无刷电机调速器），后来才知道是大名鼎鼎的凤凰电调。这款小巧精致的使用单片机C8051F310控制的无刷电机驱动器，上电时能用电机发出悦耳的提示音，而且使用的是当时最新的无感方波控制技术，速度高到可以将手头的内转子无刷电机的磁钢转爆（磁钢缺了一小块），笔者一见倾心，自此走上了无刷电机无感控制器的研发之路。现在回头看，那时正值国内无刷电机及其无感控制应用的起势阶段。

掌握电机控制技术并不是一蹴而就的事情，移植一下国外开源程序，改个漂亮的PCB外形，放个视频秀一下空载性能……看似春风得意，实则梧鼠五技。相比之下，笔者更钦佩那些在好奇心的驱使下，一步一个脚印“死磕”出来的练家子，他们往往能解决别人解决不了的问题，解决未知问题。

涉足电机控制领域，英文阅读和检索能力必不可少，而关键知识更多来自工作中接触到的商用级代码、厂商的应用笔记、专利文献、开源项目。从技术的角度来说，真正的核心竞争力在于预见行业热点、解决行业难点和大规模可靠量产。

前言中提及，BLHeli是初学者学习无感方波控制技术的极好示范，但它的程序全都是用8051汇编语言编写的，这使得多数人望而却步。就笔者个人经历来说，推荐给多位年轻工程师后，三年之内无一人愿意且能够将其通读，原因无它，一是计算机基础不好，特别是汇编语言基础；二是怕吃苦，就想找个全C语言的版本看一遍就掌握了，这谈何容易。真正的核心技术是书本上看不到的，它只会存在于商用级产品的单片机FLASH中，那里有一切的秘密。

不可否认仿真的必要性，但现在的形势是仿真似乎走在了实践的前面，一些工程师觉得 MATLAB 里出现漂亮的波形就代表电机正常运行。这是一种错觉，要知道实践永远是走在理论前面的。

对于库的使用和控制代码自动生成器，建议敬而远之。依赖自动工具而忽略技术实现过程，市场竞争力何来？要掌握核心技术，就必须彻底理解，知其然并知其所以然，然后融会贯通、举一反三。

几个值得挑战的应用

● 攀爬车的超低速驱动

图 1 所示为 Furitek 公司开发的迷你攀爬车无刷电调和配套的无刷电机。小型“盘式”外转子无刷电机，通过齿轮减速的方式拖动迷你攀爬车以极低速行驶，难点在于无刷电机的超低速驱动，最低轴转速在 30r/min 左右（电机极对数一般为 7）。这么低的转速，采用通常的无感算法无法实现稳定的速度环控制，应该是采用了 SVPWM 开环控制。国内也有一些玩家使用开源的方波电调实现了简单的 SPWM 开环控制，效果还不错。在低速开环状态下，电机反电动势几乎为 0，电阻极小，所以电池能量有相当一部分以热量的形式耗散掉。而且对于开环强拖，电机无法感知外在的负载变化，当负载转矩超过电机强拖最大转矩时，电机就会出现脱离同步的发抖现象，无法拖动攀爬车前行。如果增大电流以提升转矩，电机发热将会更加严重。如果能够做到真正的无感超低速稳定控制，那就意味着技术水平更高，电机发热更小，也更省电。

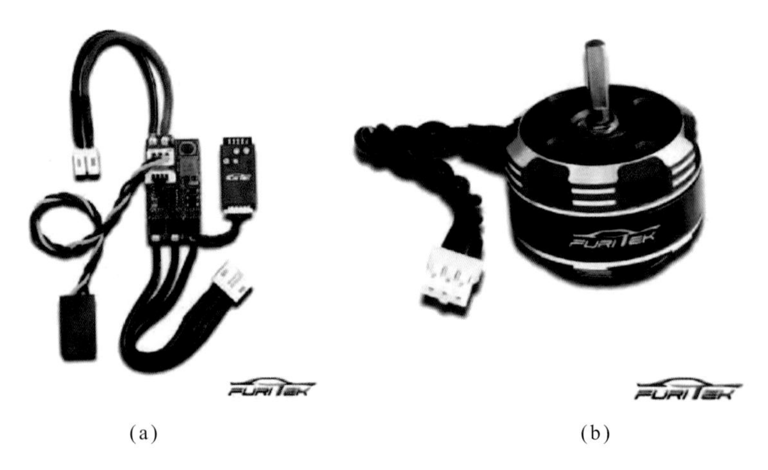

(a) (b)

图 1

● 小微模型直升机的直驱

模型直升机以前使用有刷或无刷电机，通过小齿轮驱动主旋翼的大齿轮作减速大转矩输出，现在发展到了使用无刷电机作直接驱动。这是典型的大惯量负载启动，现有的无感方波电调在启动时以大电流盲启拖动也能解决问题，但直升机会因为主旋翼快速拖动的反作用力而出现明显的甩尾现象。一般来说，无感方波适合高速驱动，无感 FOC 适合中高低速驱动。主旋翼驱动速度一般不高（几千转每分），更适合无感 FOC 驱动。而且，无感 FOC 驱动所带来的高速转矩响应特性，有利于直升机的特技飞行性能提升。玩过微型直升机的读者可能知道，小的直升机飞起来比大的更“贼”，控制更灵敏。所以，提高控制的响应速度非常有必要。无感 FOC 当然是最佳的选择，这就需要高性能的无感 FOC 启动算法。截至本书写作之时，笔者未听说有任何厂商能够开发这种微型无感 FOC 无刷电调，市场主流仍是无感方波类无刷电调。

● 无人机动力系统

在无人机的几大部件中，无刷电调和相机云台是典型的无刷电机控制应用。

无刷电调最早是无感方波控制，在国内已有差不多 20 多年的历史了，本应被无感 FOC 淘汰，但因为控制简单、成本低、兼容性好，现在仍有大量应用。而国内某无人机公司于 2015 年左右推出基于 TI InstaSPIN FOC，使用 FAST 估计器的无感 FOC 电调后，一度成为行业热点，但由于无感 FOC 开发门槛较高，商用开发仍以 TI 方案为主。

图 2 和图 3 所示为笔者多年前开发的无感 FOC 电调（使用 XMC1301 QFN24），用以替换四旋翼飞行器中的原厂无感方波电调，取得了相当理想的控制效果。经实际飞行比对，在一个飞行起落后，无感方波驱动的电机微微烫手，电调本身也明显发热，但无感 FOC 驱动的电机只是微微有点温度，电调本身没有明显发热。另外，无感 FOC 驱动的四旋翼飞行器的飞行动作更敏捷。但在留空时间上的区别不大，要延长留空时间，只能减重。

无刷云台最先使用的是开环 SPWM 或 SVPWM 驱动，但效果不好。后来使用磁编码器或低成本电位器作反馈，闭环控制的效果就好多了。再后来，使用两个线性霍尔传感器作位置反馈的方案出现了，成本更低，但稳定解算需要技术积累。作为闭环系统，最稳妥的是由陀螺仪和加速度计构成的姿态解算系统提供当前的角度信息，与转子位置构成误差反馈控制。通常采用 PID 或级联控制。

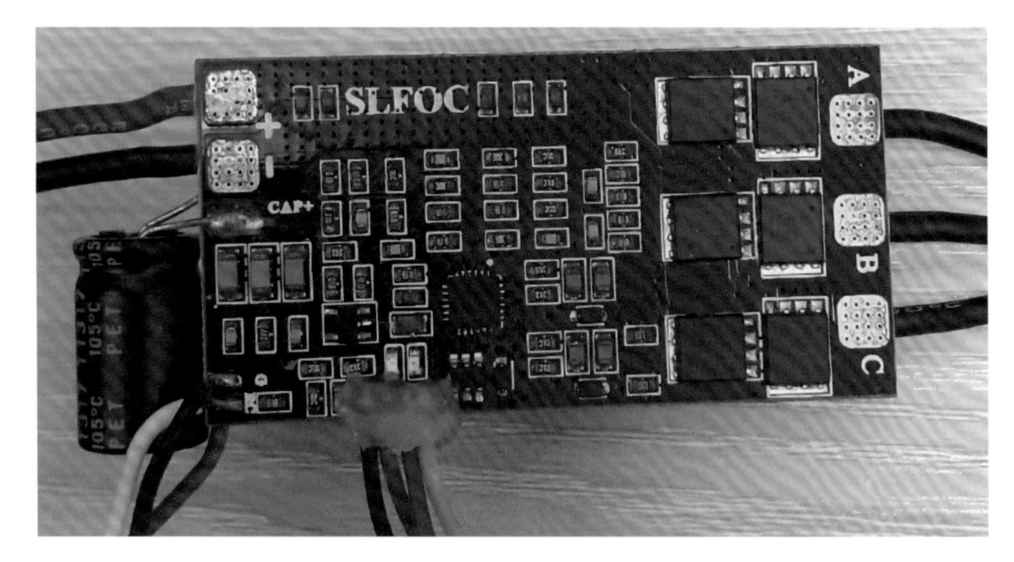

图 2

图 3

● 模型舵机伺服控制

模型舵机是一种微型的位置伺服装置，常用于车模的转向、油门控制，航模的水平舵、方向舵、副翼控制等。它使用标准的 20ms 周期 PWM 信号的高电平脉宽来给定舵机的位置，中点位置在 1520μs。近年来，各种频率更高的 PWM 信号协议不断涌现，提高了舵机的信号刷新速度。当然，舵机的响应速度取决于从遥控器手柄到舵臂的整个信号链的响应速度，单纯加快 PWM 信号的刷新并不能从本质上加速舵机响应。如果舵机锁定不够紧，死区大或者有慢速逼近目标的过程，实际上就起不到快速响应的作用。特别是竞速车模，拐弯速度简直是电光火石，舵机轴的响应速度和锁定刚性往往决定了最终的胜负。

图 4 所示为模型舵机的经典结构。其使用的电机可能是铁心有刷电机、空心杯有刷电机、无刷电机。位置反馈除了使用电位器，还可以使用磁编码器。齿轮箱用来将高速小转矩变成低速大转矩，以便对舵臂进行位置伺服。电位器轴和齿轮箱主输出齿同轴，进行位置反馈。最后，通过电路板的控制，将遥控信号的脉宽指令转换为舵臂角度输出并锁定。

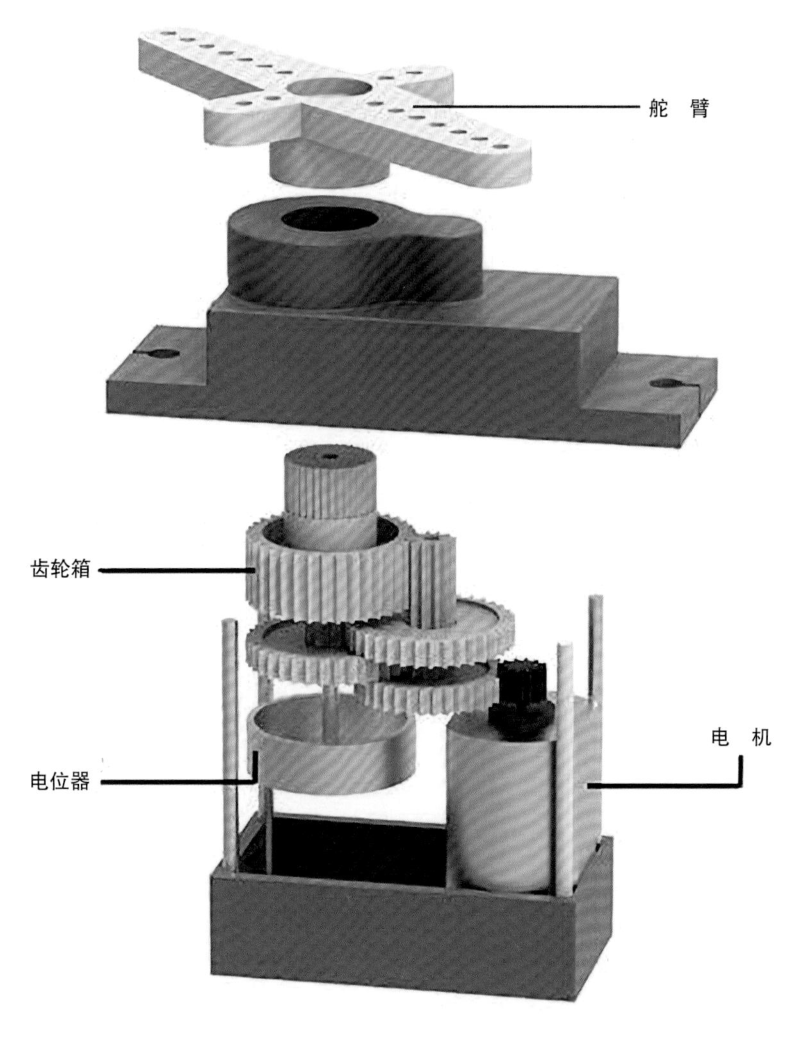

图 4

图 5 所示为日本 FUTABA 公司的新型无刷舵机，使用 2 对极内转子无刷电机，具备几乎 0 死区的位置精度，响应快速，锁定极紧。它仍然采用带霍尔传感器的方波驱动，利用反电动势作速度反馈，但比普通无刷舵机响应快。

图 5

图 6 所示为目前流行的蚊车舵机，体积很小，使用特别小的电位器作位置反馈。所谓“蚊车”，就是尺寸非常小的迷你模型车。

高性能模型舵机的软件算法设计相当有挑战性，关键不在于用的算法有多先进，而在于实际问题的应对表现，这方面严重依赖经验积累。例如，齿隙会随着齿轮磨损而变大，容易导致“极限环”振荡，这就对系统控制稳定性提出了更高的要求。

图 6

舵机的位置反馈通常由电位器提供。这种电位器对设计和材质有特殊要求，往往比电路板上的单片机还贵。电位器由电刷提供位置检测，噪声问题在所难免，且随着使用时间的推移会逐渐劣化，噪声越来越大。在舵机的使用寿命周期内，电位器一般不会出问题，但不正常的来回高速发振会加速电位器碳膜磨损。

舵机刚性是一个非常重要的技术指标，锁定后纹丝不动的才是好舵机。但刚性提升和系统稳定存在矛盾，刚性高就容易发振；不想发振就得降低刚性，但舵臂的锁定就会软绵绵的。很多场合为了防止发振，不得不减小增益、加大死区，系统性能就无从谈起了。

一般来说，24MHz 的单片机 EFM8BB10F8G 足以应对舵机的无刷电机控制，使用 32 位的 ARM Cortex-M0 单片机完全可以满足无刷舵机的有感 FOC 伺服控制。

图 7 所示为笔者设计的无刷舵机控制板，使用英飞凌 XMC1301 M0 单片机，PWM 频率为 32kHz，高频静音，电流小，转矩大；刚性高，不发振，响应快速无超调，最小死区 0μs；低速平滑有力，无窜动爬行现象。

(a)正 面

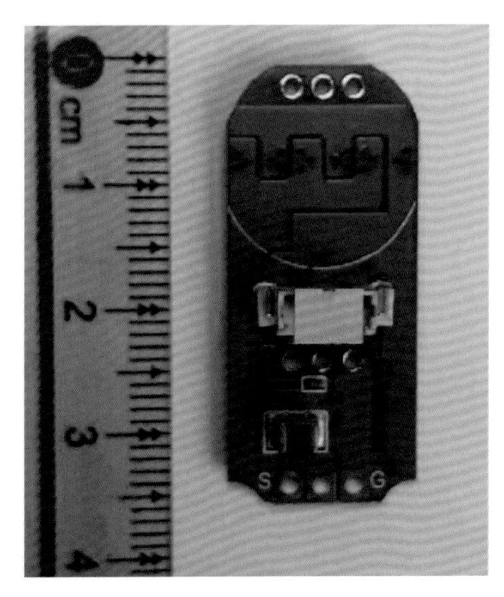

(b)背 面

图 7

图 8 所示为笔者开发的蚊车舵机控制板。它的舵机控制板也非常小，使用的是 SILABS 单片机 EFM8BB10F8G QFN20，使用 C 语言编程。

这种超小型舵机的控制设计颇有难度，不是采用更高级的单片机就能解决问题的。看起来其 PCB 上元器件不多，只是一个简单的电位器反馈，核心在于控制算法。不幸的是，不少厂商宁愿在 CNC 精度、产品外观乃至广告设计上做文章，也不愿死磕高性能无刷电机、齿轮和控制技术的研发，以至于核心技术被卡脖子。

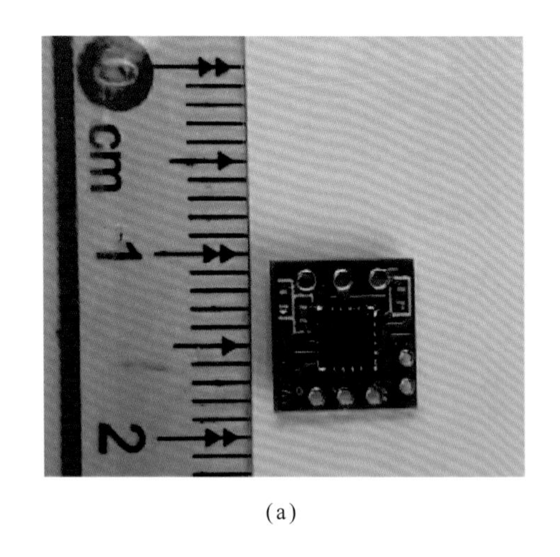

(a)

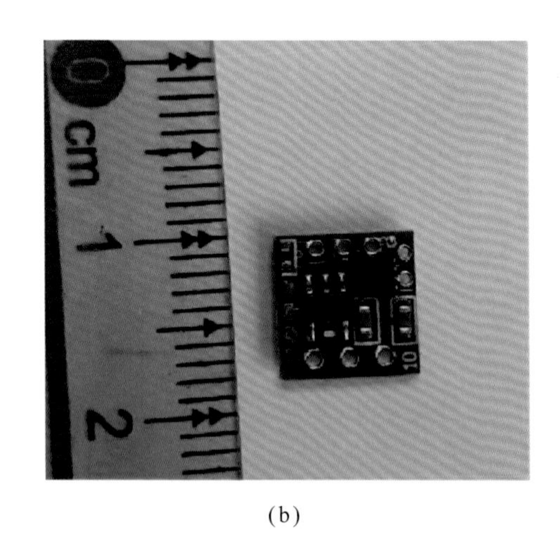

(b)

图 8

很多爱好者尝试使用模型舵机作为机器人的伺服器，但机器人舵机和模型舵机在特性上有所不同。顶级的机器人舵机控制技术，可以搜索“DrGuero2001”视频以观一二，其开发者是一位日本工程师，据说曾就职于波士顿动力。

也许模型舵机控制是一块电机控制技术的试金石，读者可以看看自己的所学能不能解决这些“简单”的问题，经过一段时间研究后可还有当初的自信？

● 微型交流伺服控制

在无人机风头尽出之际，机器人技术浪潮随之而来。在笔者看来，机器人产品还处在拼硬件阶段，AI（人工智能）层面尚未拉开差距。很多研发工程师最后发现伺服系统才是真正的难点，不光控制算法，减速机也会卡脖子。使用谐波减速机能在一定程度上解决问题，但成本较高，这又迫使部分应用转向直驱控制。

微型交流伺服控制就是所谓的“三环控制”，即位置环 – 速度环 – 电流环的级联控制，也称为“串级控制”。当然，实际应用还牵涉前馈控制、数字滤波、保护措施、通信协议等，这里就基本的三环控制作一简单介绍。

图 9 所示为典型的伺服控制框图。其中，轨迹生成可以提供梯形波位置

曲线或S形位置曲线，一般使用梯形波位置曲线，但S形位置曲线加减速更平滑。反馈控制一般使用久经考验、性能稳定的PID控制器。实际使用中存在质量不平衡、弹性连接等各种因素引发的机械振动，进一步有可能引发共振，导致定位重复或设备损坏。为了消除/抑制这种振动，可以通过陷波滤波来衰减这种窄带干扰信号。对于位置控制，为了加速位置跟踪响应，可以使用速度或加速度信号作前馈补偿。速度/加速度其实并非可以直接测量的信号，一般的方法难以获取。例如，通过微分从位置测量值中得到高质量速度信号就不太现实，噪声可能会非常大。目前，业内主要使用观测器获取平滑、快速的速度信号。

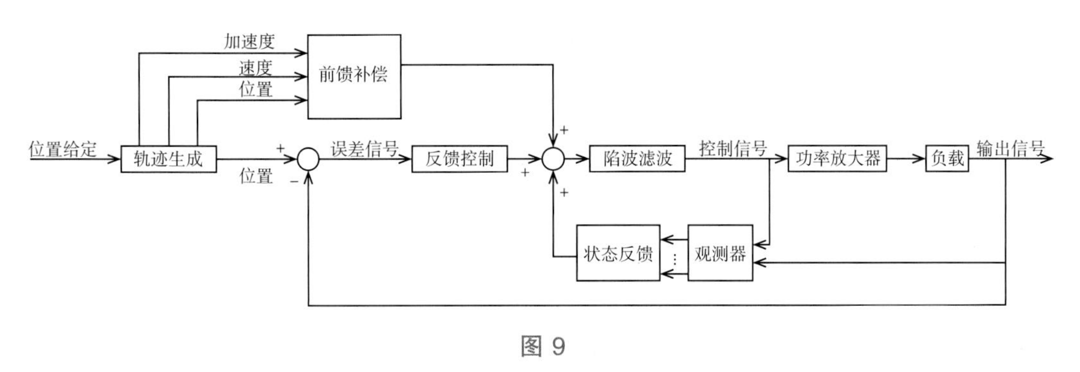

图 9

图10所示为基本的三环控制框图。可以看出，位置环使用的是比例控制，速度环使用的是比例-积分控制，电流环使用的也是比例-积分控制。在这三环中，速度环的特性非常关键。对于很低的速度，一般的测量方法无法得到高质量速度信号，还会导致电机锁定能力变差，出现过冲、振荡、空挡、窜动等不良现象。有些工程师会使用直接差分后的磁编码器信号，空载时可以实现极低速控制，但带载时振动明显。电流环是内环，厂商倾向于成套出售电机和控制器，所以电流环参数一般都整定后保存在控制器中。

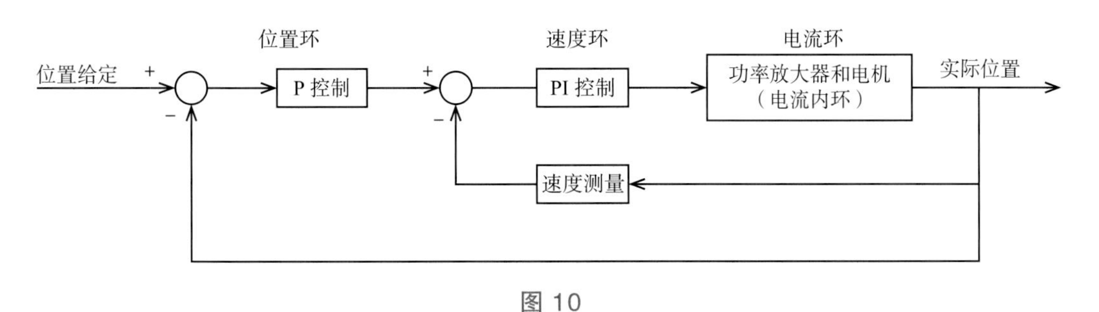

图 10

通常来说，为了保证环路性能和系统稳定性，内环的控制频率差不多是外环的5～10倍。调试一般先内后外，先整定好电流环参数，获得良好的转矩控制。然后，整定好速度环参数，这是特别重要的环节。最后是位置环的整定，这一步比较简单。采用三环控制的最大优势是可以获得没有超调的阶跃响应，而且可以控制速度的大小。当然，实际极少有阶跃的情况。参数调试要在实践中积攒经验。

可能有读者对图 10 中的位置控制使用比例控制感到疑惑，因为此前说过只使用比例控制可能会导致系统出现静差而无法消除，那怎么能只用比例控制呢？位置控制不是要非常精确吗？这么想并没有错，但要注意后面还有速度环。可以认为，只要位置误差不为 0，比例控制就会有输出，速度环就一定会工作，因为速度环中有积分计算。哪怕位置误差再小，也会由积分作用累加到足够大的输出让电机转动，最后消除位置误差即可。

关于伺服控制，这里推荐阅读《小型交流伺服电机控制电路设计》（科学出版社）和《控制系统设计指南》（机械工业出版社）。后者使用的是国内少用的日系 H8 单片机，而且程序是汇编语言编写的，虽理解起来有难度，但还是建议读者吃透。

对于伺服控制的实作，可以先参考日本的直流有刷电机伺服控制开源项目：

http://elm-chan.org/works/smc/report_e.html

这是一个基于 AVR 单片机和汇编语言程序的级联控制，适合交流伺服控制初学者练手。有了这个基础，再学习 ODrive 开源程序就倍道而进了。看出来了吧，学好汇编语言非常重要！

图 11 是笔者多年前在 ST 工业峰会上展示过的基于 STSPIN32F0A 的微型交流伺服控制板。它使用英飞凌磁编码器 TLE5012B 检测转子位置，SPI 接口速度可达 8MHz；位置环控制频率为 1kHz，速度环频率为 4kHz，电流环频率为 20kHz；使用梯形位置曲线。转速低至 0.1r/min 时仍表现出令人满意的平滑感，速度环刚性高，手推外转子纹丝不动，毫无空挡感觉。

电机控制虽然是一个细分技术领域，但自成小世界，研究得越深入，越会觉得深不见底。随着电动化社会拉开序幕，电机控制必将迎来技术浪潮。读者朋友们若能完整实现本书的无感 FOC 实验，收获点滴知识、技术、经验，笔者将倍感荣幸。

来吧，实践出真知！

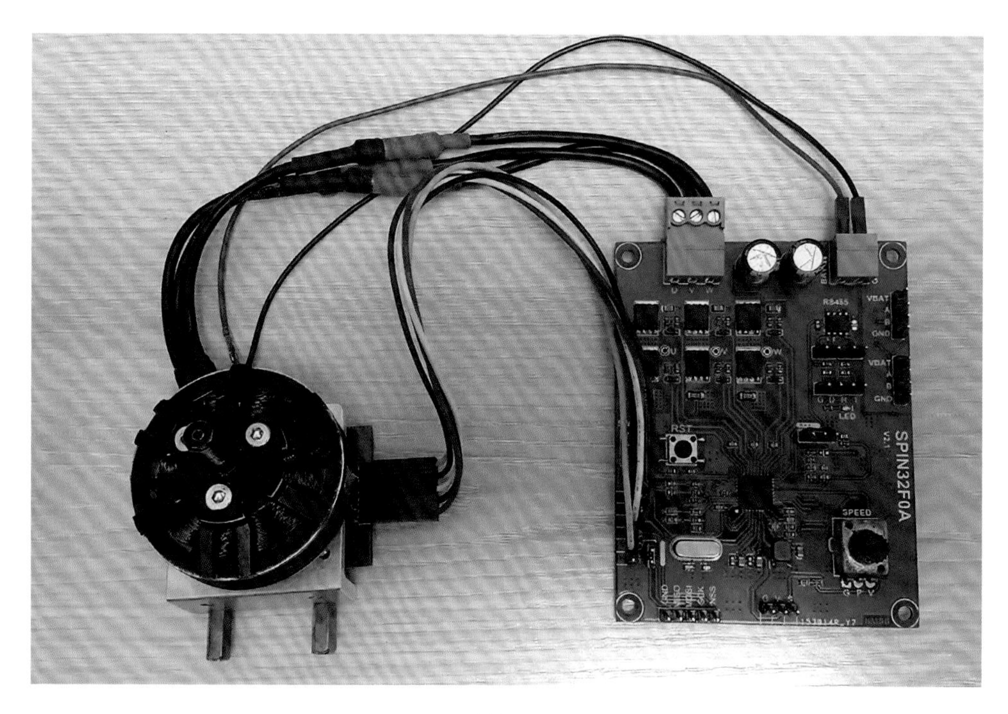

图 11